创意奶油霜蛋糕

CHUANGYI NAIYOUSHUANG DANGAO

30款与众不同的奶油霜蛋糕

[英] 巴莱里·巴莱里亚诺 克里斯蒂娜·昂◎著

于涛◎译

中国纺织出版社

图书在版编目（CIP）数据

创意奶油霜蛋糕 /（英）巴莱里·巴莱里亚诺，（英）克里斯蒂娜·昂著；于涛译. --北京：中国纺织出版社，2017.3

原文书名：Buttercream One-tier Wonders

ISBN 978-7-5180-3138-2

Ⅰ. ①创… Ⅱ. ①巴… ②克… ③于… Ⅲ. ①蛋糕－糕点加工 Ⅳ. ①TS213.23

中国版本图书馆CIP数据核字（2016）第294977号

原文书名：Buttercream One-tier Wonders: 30 Simple and Sensational Buttercream Cakes

原作者名：Valeri Valeriano & Christina Ong

著作权合同登记号：图字：01-2016-2766

责任编辑：韩 婧 彭振雪 责任印制：王艳丽

中国纺织出版社出版发行

地址：北京市朝阳区百子湾东里A407号楼 邮政编码：100124

销售电话：010—67004422 传真：010—87155801

http：//www. c-textilep. com

E-mail：faxing@c-textilep. com

中国纺织出版社天猫旗舰店

官方微博http：//weibo. com/2119887771

北京市雅迪彩色印刷有限公司印刷 各地新华书店经销

2017年3月第1版第1次印刷

开本：889×1194 1/16 印张：9

字数：113千字 定价：68. 00元

凡购本书，如有缺页、倒页、脱页，由本社图书营销中心调换

目录

简介

回溯到2011年，那时我们刚发现黄油和糖粉不只可以用来抹面包和洒在热香饼上，我们惊叹于这两种原料混合在一起竟然能发挥出那么多的创造力，我们被深深地迷住了！

我们确信自己想从事纸杯蛋糕工作，于是我们将自己命名为“红心皇后专业杯子蛋糕，可食用花束及更多”。（这真是你能想象到的最长的公司名称，不是吗？）“更多”代表着我们提供饼干、派等小食，但是并没有真正考虑过制作多层的蛋糕，因为我们觉得所有大于杯子蛋糕的甜品对于我们来说太可怕、太有压力。

有一天，一个朋友打电话给我们，想给她自己定制一个生日蛋糕，我们没办法拒绝她。我们觉得如果我们没有做好，她会原谅我们的，因为我们是朋友。于是我们就答应了。

我们给她制作了一个8英寸的方形蛋糕（明明圆形蛋糕更容易，我们为什么要从方形开始呢，对吗？）并使用了一些简单的涂鸦装饰。后来她对我们赞不绝口……但是，她开始微笑着向我们讲述，庆祝活动进行中，她打算吹熄蜡烛时，蛋糕的背面塌了下来，糖霜都掉了下来！不过由于她是我们的朋友（谢天谢地！），她对这件事没有在意，只是觉得很好笑！

这个小插曲也许证实了我们对于制作比杯子蛋糕大的蛋糕的恐惧，但是听完她的故事之后，我们并没有气馁，而是想找出我们的错误，确保不会再犯。也许你猜我们没有正确地进行预抹面，那你就说对了！我们甚至不知道什么是预抹面！我们只是在蛋糕表面抹了厚厚一层奶油，然后就直接在上面进行装饰。从技术上来说，奶油糖霜比较厚重，如果不进行预抹面的话，没办法直接黏附在蛋糕表面。发生在我们身上的这些事情，同样也会发生在你身上——但是我们愿意帮助你避免这些错误。

这就是我们制作这本书的初衷。当我们回过头去看看我们的蛋糕制作之旅，我们情不自禁地大笑出声。于是我们想，我们要做出一本关于制作单层蛋糕的书：从基础开始，涵盖基本的整形、或用固定销进行加高加固，书中还提供了超过30个不同的装饰蛋糕的点子。你可能会觉得装饰单层蛋糕很容易，但是事实上，经常会发生过度装饰的危险，因为你会想把所有的想法都加注在一块小小的“画布”上。

我们不仅在这本书中教会你技能，我们还将蛋糕分为不同的风格主题：新怀旧风、浪漫风、乡村风等。按照本书将蛋糕全部做一遍之后，请自己探索着用书中的技巧制作你独特的设计，也可以试着改变颜色。比如，你将黑白条纹蛋糕改为彩虹条纹，或是改为渐变色，就可以变成浪漫风或者新怀旧风的蛋糕。

你不只可以模仿我们的蛋糕设计，我们更希望你能够创造自己的风格。如果真的有那么一天，请把你的作品展示给我们，我们非常期望看到它们！我们希望你会喜爱这本书！

祝你能快乐地制作奶油蛋糕装饰！

Valeri Christina

奶油霜蛋糕基础

奶油霜基础配方

使用这个配方时，你要注意的一件事就是不要过度打发奶油。如果过度打发，可能会变成颗粒状，在进行裱花、描边和纹理装饰时边缘会呈现“裂开”的样子。过度打发会在奶油中加入过多的空气，抹到蛋糕上之后，表面会出现孔洞或气泡，使其变得不平整。以下这种奶油糖霜适用于任何气候。

手持搅拌器的功率往往没有台式搅拌器强，所以如果你使用手持搅拌器，要先手动将混合物搅拌一下，使各种原料不会混成一团，也可以避免过度打发。

我们的配方最棒的地方是，某一种原料多一点少一点都不会有很大影响。所以如果你的奶油糖霜太硬了，就加一点水或牛奶；如果太稀了，就加一些糖粉。你可以根据需要进行调节，当然，一切得适度。你可能直接用制作的奶油糖霜进行抹面或者装饰，但是如果你觉得这时的奶油糖霜太软的话，我们建议你将它在冰箱中冷藏一小时，或者是直到用手轻触表面觉得足够硬的时候，再把它从冰箱中拿出。不要通过直接加糖粉的方式使它变硬。

小贴士

将你的奶油糖霜放入冰箱，并在不透气的容器或食品密封袋中存储。你可以将它冷冻存储一个月，只需要在使用时提前拿出来在室温下融化即可。不要再次用电动搅拌器搅打，只需要你自己来手动混合。不过当然，什么都不如使用新鲜的奶油糖霜！

你需要准备

- 227克黄油，室温
- 113克中度软化植物油脂（起酥油），室温
- 2~3茶匙香草精，或其他你想要选择的口味
- 1汤匙水或牛奶
- 600克糖粉，过筛

- 搅拌器（手持或台式）
- 搅拌碗
- 抹刀
- 筛子
- 量匙

1. 中速搅打黄油，直至其柔软、颜色变白（1~2分钟）。有些品牌的黄油颜色较黄，所以要想使其颜色变白，你需要延长搅打时间（2~5分钟）。

2. 加入植物油脂（起酥油），然后再搅打20~30秒，确保两者充分融合，没有小颗粒。

重要注意事项：你每次在黄油中加入任何东西，都要限制你的搅打时间在20~30秒，甚至更短时间。

3. 加入香草精，或其他你选择的口味，还有水或者牛奶，然后中速搅打10~20秒甚至更短时间，使混合物充分融合。

4. 慢慢加入过筛的糖粉，中速搅打20~30秒，或直到所有配料混合均匀。你可能在搅打之前需要先行手动将所有配料混在一起，以防止糖粉在你的厨房内四溅。搅拌完毕后要注意将碗底、碗沿和搅拌器刀片上的混合物都刮擦一遍，防止遗漏了糖粉结成的颗粒。

5. 最后，将搅拌碗刮擦一遍之后，继续搅打20~30秒，不要过度搅拌。这样就得到了完美的用于裱花的奶油糖霜。

小贴士

你可以在糖霜中加入牛奶，但是如果你这样做的话，奶油糖霜只能保存2~4天，因为牛奶容易变质。如果你改用水，保存的时间就能长一些——为5~10天。若果你发现植物起酥油不能跟黄油很好融合，并看到了小颗粒，或者你认为混合物比较硬，下次再制作的时候就要事先单独搅打植物起酥油，然后再进行其他步骤。

抹面

如果你完全依照以上配方制作，大约能得到1~1.1千克奶油糖霜，这些量足够用于一个直径20厘米（8英寸）圆形蛋糕顶层、侧边抹面和内馅填充，而方形蛋糕则要取决于它的设计。这可以作为你决定准备多少糖霜的依据。如果制作完蛋糕之后有盈余，记得要标好制作日期，然后放入冰箱保存。

关于植物起酥油

这是由植物油制成的白色固体油脂，通常没有任何味道。你可以在大部分超市中买到，一般就陈列在黄油和人造黄油旁边。在我们的配方中，它扮演着重要角色，它能够使黄油变得更加稳定，你在使用时就不需要加入过多的糖粉使混合物保持一定硬度，这样你的蛋糕也会有适量的甜度。它还可以在装饰蛋糕表面时促进糖衣固化，不会变得很黏。

不同品牌的植物起酥油黏稠度各有不同。如果你选用的起酥油较硬，最好选用113克，先用微波炉软化。如果起酥油比较柔软，延展性好，可以加倍用量，取用227克。

给糖霜染色

染色赋予你的蛋糕生命，使它看起来更吸引人。因此，适当地选择和准备给奶油糖霜染色是非常重要的。本书的蛋糕中有各种不同的主题，最好的办法是找出最适合的颜色，更好地适应每一个主题。

我们重点标注出了你在染色时需要注意的事情。

- 确保染色时奶油糖霜处于室温，这样颜色能混合得更均匀。
- 每次将色素用干净的取食签（牙签）加入一点点，不要重复使用，会污染色素。或者先给一小部分奶油糖霜染色，使颜色深一些，然后将它们加入剩余的多部分奶油糖霜，这样你就可以控制颜色的浓淡程度。
- 给奶油糖霜染色时，手动搅拌。不要用电动搅拌器，即使量比较大也要避免用电动搅拌器，因为很容易过度打发。
- 记住，过一段时间之后，内有糖霜的颜色变深是正常的，特别是深色的奶油糖霜。你可以提前2~3小时准备奶油糖霜，观察颜色的变化。
- 如果蛋糕较大，一定要多准备一些染色的奶油糖霜，你也不想你的蛋糕到最后不同的部分颜色深浅不一，对吧？

- 想要使糖霜颜色变浅，多加入一些未染色的糖霜；想要使颜色变深，多添加色素。
- 如果奶油糖霜本身有一些发黄，你可以加一点点紫色或白色，如果你想得到比较浅的颜色，最好先将奶油糖霜染白，再添加其他颜色。
- 如果你染出的颜色过于明亮，可以加一点点黑色、褐色或紫色将其调暗。
- 食用色素有粉状的、胶状的和膏状的。不要用粉状的食用色素直接给奶油糖霜染色，因为它没办法充分溶解。搅拌时它会看起来好像全部融合好了，但过一段时间之后，细小的颗粒会显现出来，颜色会变得斑驳。如果你只有粉状色素这一个选择，我们建议你最好先用极少量水将其溶解，但要记住，你加入的水越多，奶油糖霜会变得越软。
- 如果你使用放置在挤压瓶中的液体色素，往往很难控制它的流量，特别是你需要不到一滴的用量时。你可以先给一小部分奶油糖霜染色，然后将它们加入剩余的多部分奶油糖霜中，而不是直接将色素挤入全部奶油糖霜。
- 食用色素膏和食用色素胶有很多不同的品牌，每一种的浓度都不一样，效果也不同。不管你使用哪种品牌，你都要先取一点试一下，防止将奶油糖霜全部浪费。

使用小道具

由于本书中的蛋糕是单层的，所以它们的体积都比较小，你不需要在它们旁边围绕一圈装饰物。你可以用最简单的饰品来突出展示你的蛋糕，这些饰品可以在你的家中甚至花园里找到。比如，你可以放一朵木槿花在蛋糕旁，或取几朵分散围绕在蛋糕旁。如果你找不到真的花朵，可以制作一些纸花代替。

或者，你还可以用蕾丝装饰一个空的金属罐子，并加上你的生日寄语，营造一种复古风潮。然后将罐子与蛋糕放在一起。我们可以一直讲各种创意，但是我们只是在这里简单强调一下，在你做好蛋糕之后，再添加一些小道具能够使它变得更加耀眼夺目。

装饰蛋糕板

除了小道具，另一种给蛋糕添加光彩的方法是装饰你的蛋糕板。对有些人来说，这种装饰是上个盲点，经常会忽视。虽然你的蛋糕可能不错，但是展示效果差强人意会使人感觉很不好。因此，拒绝光秃秃的蛋糕板！

在本书的章节中，你会看到我们用乙烯树脂贴纸（5米一卷的贴纸非常便宜，但是能装饰8片或更多的25厘米/10英寸的蛋糕板）、礼品包装纸、剪贴画纸、布料等来装饰蛋糕板。我们还使用了石板、砧板和餐垫（木板和玻璃质地）来替代普通蛋糕板。有很多廉价的物品可以用，也可以自己来制作，但是一定要使蛋糕的设计与蛋糕板相匹配。而且，除非你的蛋糕非常朴素，否则不要用过于华丽的东西来装饰。

工具

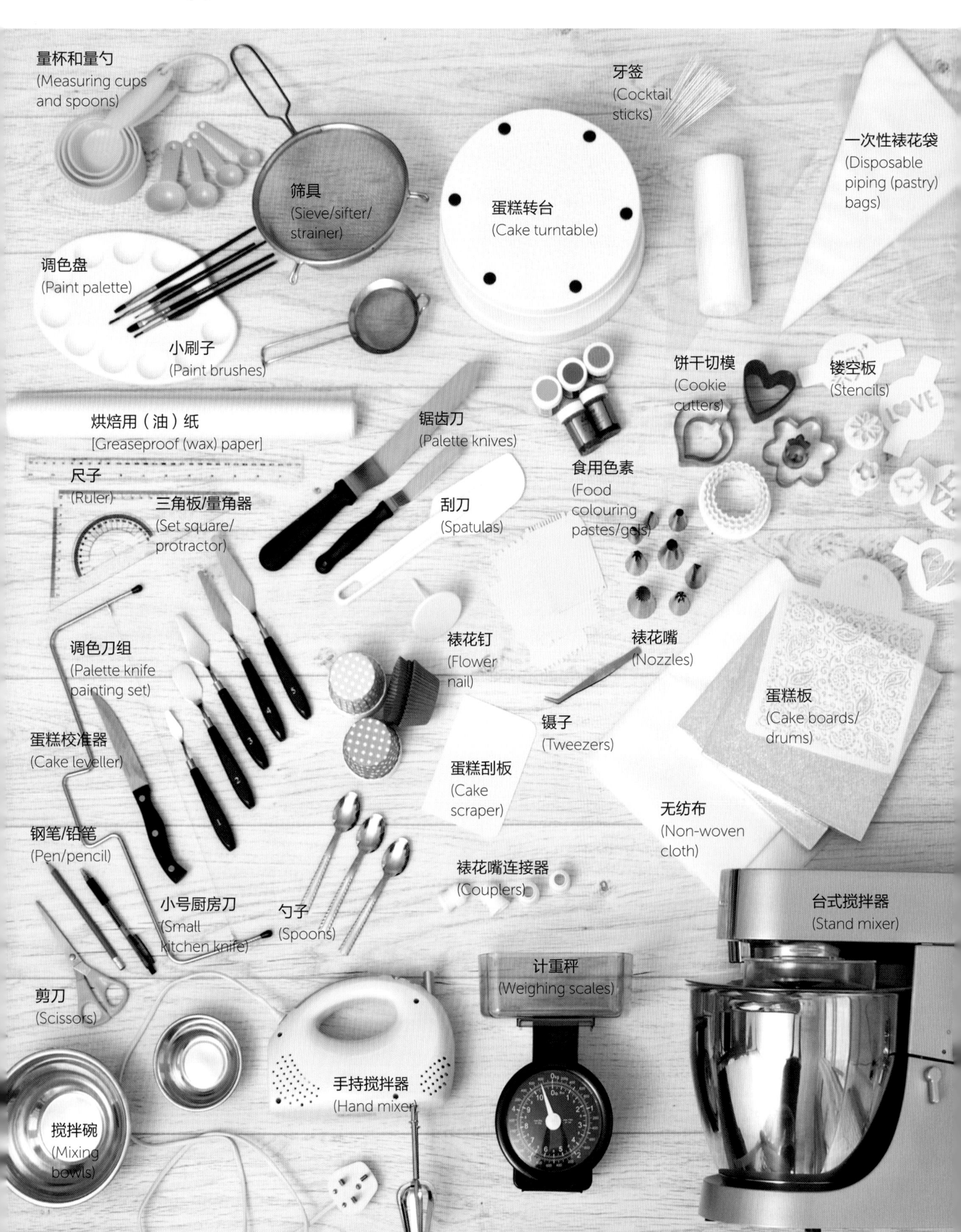

量杯和量勺
(Measuring cups and spoons)
筛具
(Sieve/sifter/strainer)
牙签
(Cocktail sticks)
蛋糕转台
(Cake turntable)
一次性裱花袋
(Disposable piping (pastry) bags)
调色盘
(Paint palette)
小刷子
(Paint brushes)
饼干切模
(Cookie cutters)
镂空板
(Stencils)
烘焙用（油）纸
[Greaseproof (wax) paper]
锯齿刀
(Palette knives)
食用色素
(Food colouring pastes/gels)
尺子
(Ruler)
三角板/量角器
(Set square/protractor)
刮刀
(Spatulas)
调色刀组
(Palette knife painting set)
裱花钉
(Flower nail)
裱花嘴
(Nozzles)
蛋糕板
(Cake boards/drums)
蛋糕校准器
(Cake leveller)
镊子
(Tweezers)
蛋糕刮板
(Cake scraper)
无纺布
(Non-woven cloth)
钢笔/铅笔
(Pen/pencil)
裱花嘴连接器
(Couplers)
台式搅拌器
(Stand mixer)
小号厨房刀
(Small kitchen knife)
勺子
(Spoons)
计重秤
(Weighing scales)
剪刀
(Scissors)
手持搅拌器
(Hand mixer)
搅拌碗
(Mixing bowls)

蛋糕配方

马德拉蛋糕

这个配方可以制作出一个易于造型和堆叠的海绵蛋糕，而且它真的非常美味！以下的分量可以制作出一个直径20厘米的蛋糕。

你需要准备

- 250克无盐黄油
- 250克精炼白砂糖
- 250克自发粉
- 125克普通面粉
- 5个大号鸡蛋
- 1/8茶匙盐
- 2~3汤匙牛奶

1. 将烤箱预热到160℃。在蛋糕模具的内壁抹上黄油，然后将烘焙用纸垫在模具底部，再在上面抹油。
2. 在一个大碗中搅拌黄油和白砂糖，搅打至羽毛状。面粉在另一个碗中过筛。
3. 加入鸡蛋搅拌，鸡蛋要一个一个地加入。每加入一个鸡蛋后都要把混合物搅拌均匀，并在加入最后一个鸡蛋时同时加入一汤匙面粉，以防止混合物凝结。
4. 小心地加入面粉和盐，再将牛奶倒入，此时混合物的状态为可以从勺子上慢慢滴落。
5. 将混合物倒入蛋糕模，烤制1~1.5小时。蛋糕烤好后会完全鼓起，按压后是结实的质感，在蛋糕中心插入钎子，拔出后钎子是干净的。
6. 将蛋糕脱模，放在架子上完全冷却。

巧克力泥蛋糕

用这个配方你可以制作一个敦实的蛋糕，能够很棒地进行造型和堆叠

你需要准备

- 250克有盐黄油
- 250克黑巧克力或牛奶巧克力（切碎或者掰开）
- 8茶匙速溶咖啡
- 180毫升水
- 150克自发粉
- 150克普通面粉
- 60克可可粉（最好是不甜的）
- 1/2茶匙小苏打
- 500克精炼白砂糖
- 5个鸡蛋，轻轻打发
- 70克植物油
- 125毫升脱脂牛奶（在一杯牛奶中加入1汤匙柠檬汁或白醋，静置5~10分钟，就能得到脱脂牛奶）

1. 将烤箱预热到160℃。在蛋糕模具的内壁抹上黄油，然后将烘焙用纸垫在模具底部，再在上面抹油。
2. 在一个深平底锅中加入黄油、水和咖啡，然后加热，直到其慢慢沸腾。关火加入巧克力，搅拌至完全融化，置于一旁备用。
3. 向一个大碗中筛入面粉、可可粉、糖和小苏打，然后在混合物中间挖一个洞。
4. 倒入鸡蛋、脱脂牛奶、油和巧克力混合物，用一个木制的勺子不断搅拌，直到不出现颗粒状结块为止。
5. 将混合物倒入蛋糕模，15厘米蛋糕烤制大约45分钟，20厘米蛋糕烤制大约1小时15分钟。在蛋糕中心插入钎子，如果拔出后钎子是干净的就可以把蛋糕从烤箱中拿出。
6. 使蛋糕在模具中充分冷却，再从模具中取出。

小贴士

配方可以制作一个直径23厘米，高7.5厘米的圆形蛋糕；直径20厘米，高10厘米的圆形蛋糕；一个直径15厘米，高10厘米圆形蛋糕加大约8个杯子蛋糕或者是一个长20厘米，高7.5厘米的方形蛋糕。

堆叠及拼接

随着你的蛋糕逐渐变高，你要添加一些结构来支撑它，使它变坚固，不会坍塌。你需要将塑料或者木制的固定销（或者大号的塑料吸管）正确嵌入底层蛋糕，支撑住上层的重量，确保各层之间不会挤压倒塌。

3层蛋糕层可以不使用固定销，但是层数增加时，你就需要添加固定销支撑住整个结构。

你需要准备

- 4片你想选择的尺寸的蛋糕
- 3片1~2毫米薄的蛋糕底板（有一定的硬度但是能够切割）
- 蛋糕底座
- 蛋糕切片器或锯齿刀
- 塑料或木质固定销
- 钢丝钳或重型剪刀
- 铅笔或钢笔
- 可食用胶水

小贴士

将固定销修剪得跟要固定的蛋糕片一样高，你可以将一根固定销插入蛋糕，直插到底，然后在这根固定销上做记号，用铅笔或钢笔标出蛋糕顶部的位置，然后拔出固定销，比照记号进行修剪。

1. 用蛋糕切片器或是锯齿刀将每块蛋糕的顶部切去，使它们等高。

2. 将薄蛋糕底板剪得比蛋糕直径大5~10毫米，如果奶油糖霜抹的较厚的话，还可以更大一些。通常情况下，你可以使用蛋糕模具的底来比照着修剪蛋糕板。将两块蛋糕底板背对背粘在一起（银色的一面朝外），将一根固定销从中心插过，留下一个洞，旋转固定销使洞更大一些，这样等会儿正式制作时就更容易插入。

3. 将两块蛋糕胚放置在第三片薄蛋糕底板上，在蛋糕之间抹上奶油糖霜。比照蛋糕高度将固定销用钢丝钳或重型剪刀修剪到一致高度。

4. 从蛋糕顶部插入固定销，位置在距离蛋糕边缘大约4厘米处，将固定销插到底，碰到蛋糕底板为止，使用的固定销数量取决于你的蛋糕大小。

5. 在蛋糕顶部抹上一层奶油糖霜，厚度要刚好覆盖住固定销。然后用可食用胶水将蛋糕底板粘到蛋糕底座上。不要用奶油糖霜或是蛋白糖霜进行粘贴，那样蛋糕还是会滑动。

6. 重复步骤3、4，制作出另一组蛋糕胚，将之前制成的双层蛋糕板放置在这组蛋糕胚下，再将它们一起放置在第一组蛋糕胚上层。

7. 测量长度并制作出一根长的固定销，用于固定整个蛋糕。

8. 将长固定销从蛋糕中部插过。

蛋糕抹面

在你给蛋糕添加上美丽的装饰之前，你首先要学会如何给蛋糕抹面，要确保奶油糖霜有一定黏性，而且平整光滑。你可以先进行预抹面，然后再将表面弄平。给蛋糕表面印花的其他技巧将在以后的章节里学到。

预抹面

预抹面的意思是抹上薄薄的一层奶油糖霜，将蛋糕的碎屑紧紧包裹起来。这一步非常重要，你一定不能忽视，这个步骤将使你的蛋糕表面保持黏性，较重的裱花样式和纹路设计也能够黏附在上面。

1. 取用跟制作蛋糕胚时相同的奶油糖霜，用圆形裱花嘴或者是直接挤压裱花袋的方式将奶油糖霜涂满蛋糕，使其粘在蛋糕胚上。

2. 用一把抹刀将奶油糖霜在整个蛋糕上抹匀，注意施力要均匀，并用抹刀抹去多余的奶油糖霜。

3. 你可以用奶油刮板使蛋糕外部的奶油糖霜厚度一致。

小贴士

将预抹面的蛋糕放入冰箱冷藏20~30分钟，直到表面变得坚固。如果能放入冰柜速冻更好，可以加快进程。如果你没有将蛋糕冻一下，在制作其他装饰时，比如涂抹另一层平滑的奶油糖霜，会很困难。

打磨光滑

蛋糕冷藏好之后，你可以抹上另一层奶油糖霜，这层奶油糖霜的厚度关系到蛋糕的口感，你也可以以蛋糕卡的厚度为指导，决定奶油糖霜的厚度。在这一步你需要一些无纺布，无纺布可以在网上或者有一定规模的杂货铺买到。

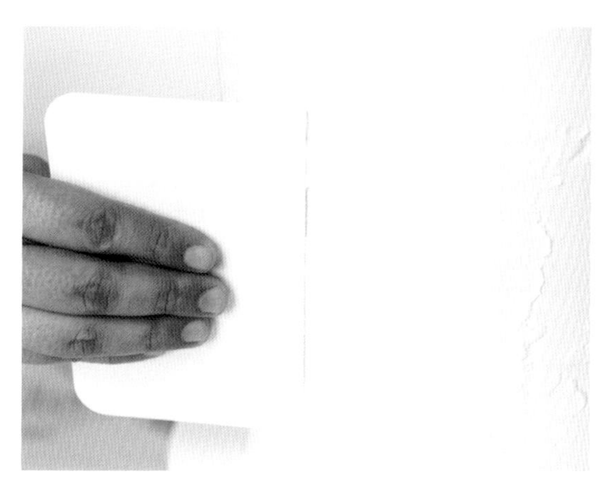

1. 用蛋糕刮板将蛋糕表面所有的奶油刮匀。在室温下风干蛋糕，时间10~20分钟。

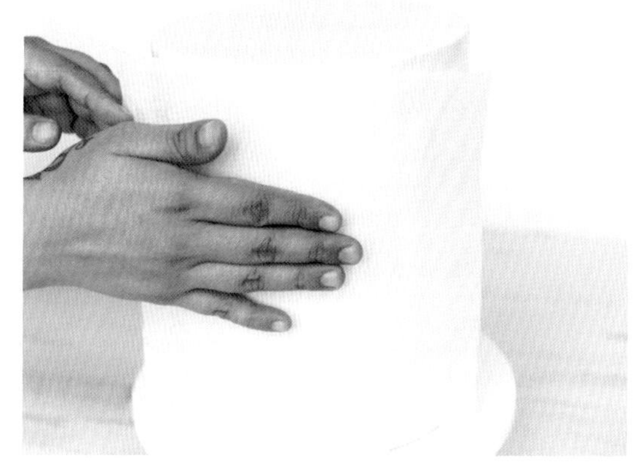

2. 等到蛋糕糖衣完全固化了（看下面的小贴士），将无纺布放在蛋糕表面，然后用手指轻轻擦拭，使表面光滑。在蛋糕的其他部分重复这个步骤。

3. 为了使蛋糕更加光滑，再次将无纺布放到蛋糕表面，然后用刮板隔着无纺布上下滑动。

4. 用一把小刀或蛋糕刮刀将蛋糕边缘多余的奶油糖霜修整掉。

小贴士

不要再将蛋糕放到冷冻室或冷藏室中，因为它们的潮湿环境将阻碍蛋糕的糖衣固化。如果蛋糕表面干燥，摸上去不黏，说明已经可以进行打磨了。

给球形蛋糕抹面

给球形蛋糕抹面时会出现一些特有的问题，但是，依照以下步骤，可以使这一工作变得异常顺利。

1. 用相应的模具烘烤两个半球形，然后用蛋糕切片器或锯齿刀修整蛋糕。

2. 将一个半球的顶部削掉一点，这样整个蛋糕就能放在纸板上平稳地立住，不会滚动。在把它粘在蛋糕纸板上之前，先涂奶油。

3. 将中间的一层涂上奶油，然后覆上另外一半成为一个球形。用一把较短的抹刀去掉多余的奶油。

4. 用相同的奶油糖霜进行预抹面，然后再进行第一层正式抹面。

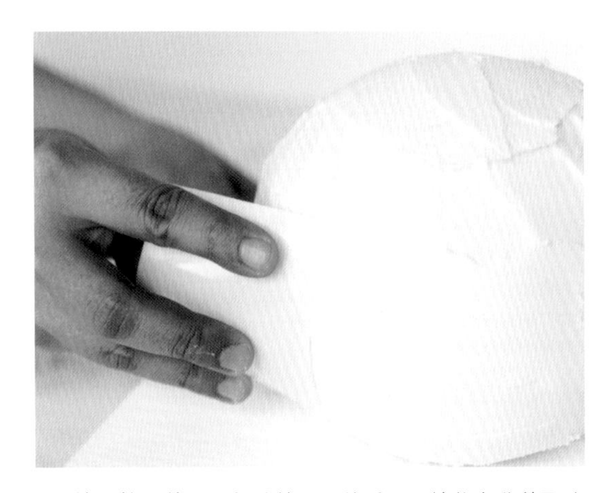

5. 抹上较厚的一层奶油糖霜，然后用一块能弯曲的聚酯刮板沿着蛋糕的曲线将奶油抹匀（或者用任一块能弯曲的塑料）。抹完后置于一旁干燥。

6. 如果蛋糕较大的话加入固定销，然后用无纺布打磨表面，操作的时候要沿着蛋糕的轮廓进行。

裱花样式

本书各个章节中介绍了很多裱花纹路。但是，知识点和方法比较分散凌乱，我们在这一部分对它们及裱花技法做一个集中的介绍。

花边

贝壳花边

在裱花袋末端直接剪一个洞或者用各种裱花嘴，就可以直接做出贝壳花边。手持裱花袋呈30度角，花嘴顶端接触要裱花的蛋糕表面，轻轻挤压裱花袋将奶油挤出形成一个点，然后轻轻提起裱花袋后拉，同时不要给裱花袋施力，形成一个尖端。然后制作下一个贝壳，使下一个贝壳宽的那一头压住上一个贝壳的尖端，一个个形成一条线。

褶皱花边

用一个小型的花瓣花嘴，比如惠尔通103或者104。手持裱花袋与蛋糕表面成一定角度，花嘴宽的一头接触蛋糕表面。用恒定的力量连续挤压裱花袋，做出花边。要慢慢施力，以确保花边粘在了蛋糕上。你也可以轻轻摆动裱花袋，制作出波浪状的褶皱花边。重复这一步骤制作出多层褶皱花边，确保它们之间紧挨并保持一定的角度。可以“背靠背”（橙色花边）、“朝上”（绿色花边）、“朝下”（黄色花边）、扭动等。

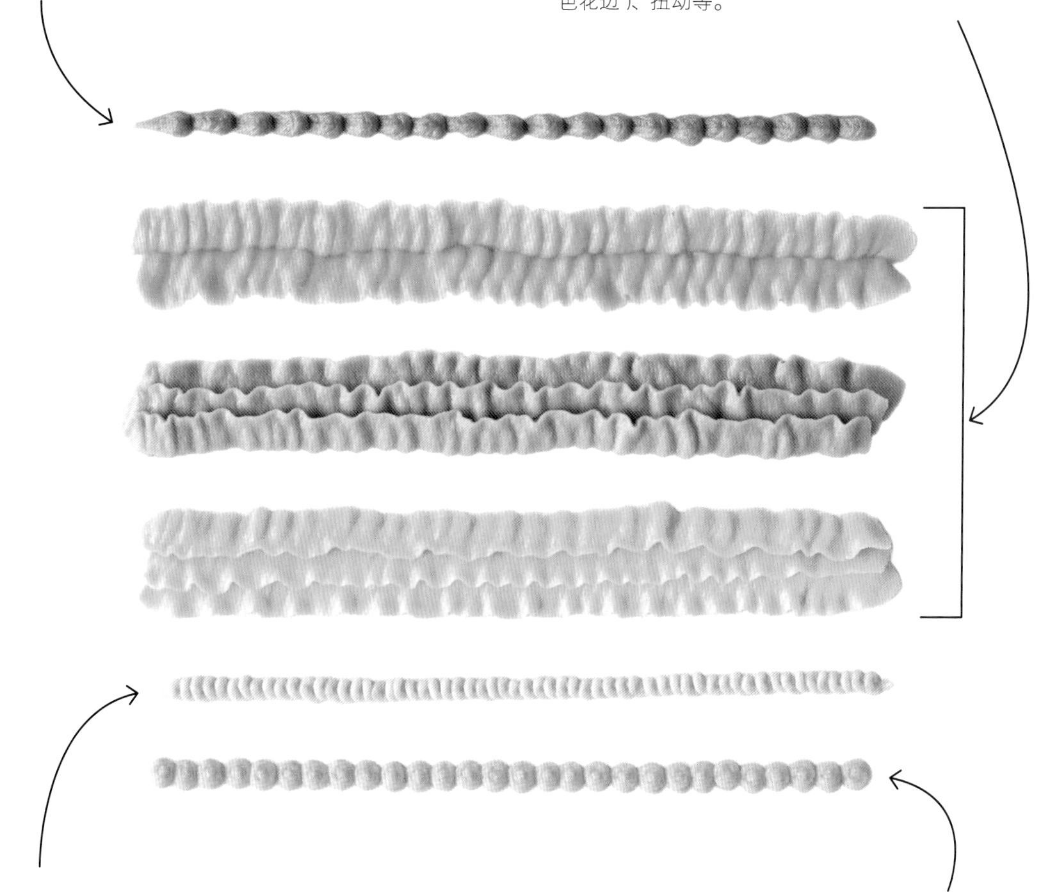

环形花边

环形花边常用于书中的“复古鸟笼蛋糕”和“蒸汽朋克礼帽”蛋糕，很容易制作。用你选好的颜色的奶油和合适的裱花嘴，不停地顺时针打圈进行裱花，使圆环一个挨一个，每个圆环之间不要留空隙。

珠子花边

在裱花袋中装入奶油，然后用剪刀在裱花袋顶端剪一个很小的口，或者用一个花嘴。手持裱花袋轻按，直接在蛋糕上挤出一个小号的圆点。注意在提起裱花袋之前不要再挤压。一个接一个整齐地挤压出圆点，成为一条花边。

制作花朵

花朵设计几乎是最流行的技巧，我们常常在蛋糕上制作花朵或整个花束。关于制作花朵的技巧，我们会在以后的章节里提到，但是对于经常出现的花型，我们在本章进行介绍，以避免一再重复。

向日葵、睡莲和普通的叶子

如果你依照以下步骤，可以用叶子花嘴完美地制作出向日葵的花瓣。这一技巧也可以在后文的“睡莲印象”蛋糕中用于制作睡莲，在“秋日花环”蛋糕中制作橙黄色的花朵，还可以制作普通的叶子。你需要做的就是选择合适的奶油颜色和花嘴。

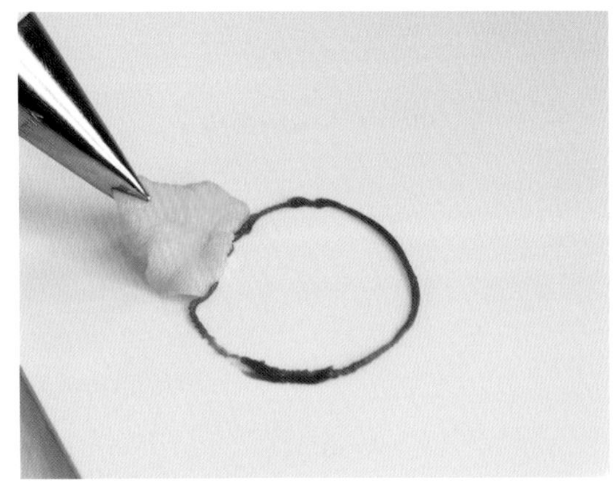

1. 画一个参考用的圆形，然后用叶子花嘴（惠尔通67或352）倾斜20~30度角，花嘴的一段接触圆环，挤压裱花袋，制作出一个较宽的叶子底部，轻轻后拉。慢慢减少对裱花袋的施力，达到你想要的长度后，停止挤压裱花袋，然后将其提起。

2. 重复以上步骤，围绕参考圆形制作一层花瓣。

3. 用更大的倾斜角度，30~40度，制作另一层花瓣。要确保这一层花瓣紧挨之前的一层花瓣，防止出现空隙。

4. 最后，将棕色奶油装入裱花带，在裱花袋顶端剪一个小孔，挤出小点作为花蕊。

花蕾

花蕾可以用喷枪添加，或单独用来填补装饰上的缝隙，又或者作为比较精致的装饰图案。我们在“浮雕蛋糕”和“乡村之窗”中使用了这一技巧。

制作花蕾要使用小号的花瓣裱花嘴，比如惠尔通104。手持裱花袋，使裱花嘴与蛋糕表面齐平，较宽的一端朝向左边。轻轻挤压裱花袋，制作出半个花瓣，然后轻轻将花嘴向右、向下拉，然后折向中间。在第一个花瓣上制作另一个花瓣，使其互相重叠，但这次从相反的方向制作，花嘴宽的一端朝向右边，将花瓣拉向左边。重复以上步骤直到制成你理想大小的花蕾（如“乡村之窗”中的花蕾大约需要制作两个花瓣），然后用顶端剪了小洞的裱花袋制作花萼。

普通花瓣

有很多技巧可以制作花瓣，但是其中有两种最常见的。一种是用于“浪漫蕾丝蛋糕”的，另一种是“绝对热带风情”蛋糕中的鸡蛋花。

浪漫蕾丝花

在一个裱花袋中用两种颜色的奶油糖霜（参照“浪漫蕾丝蛋糕”中的“制作双色效果”）加上惠尔通104号花瓣裱花嘴，与蛋糕呈20~30度角，较宽的一端接触蛋糕表面，较窄的一端朝外，指向12点钟方向。挤压裱花袋，但不要移动裱花嘴，当花瓣达到合适大小时停止挤压。重复制作重叠的花瓣，在下面多做几层，每一层的花瓣数要有所减少，直到花朵制作完毕。

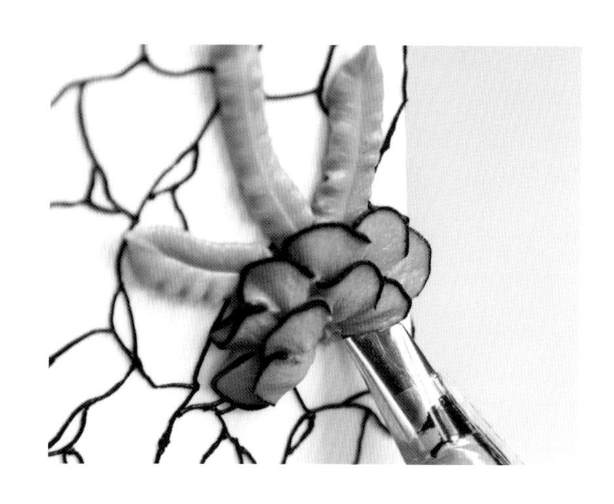

鸡蛋花

用惠尔通103号裱花嘴和黄白两种奶油糖霜（两种颜色奶油糖霜的使用方法参照“浪漫蕾丝蛋糕”中的“制作双色效果”），裱花袋与蛋糕呈20~30度角，黄色的奶油在底部，均匀挤压裱花袋然后转动花嘴，直到得到合适大小的花瓣，旋转花嘴制作出圆形花瓣，但不要做成弓形。用同样的力量将花嘴转到花瓣底部（a）。重复以上步骤制作出其余4片花瓣，所有花瓣都从花朵中心开始制作（b）。

a

b

木槿花和折回形叶子

“绝对热带风情”蛋糕中的木槿花花瓣与“闪耀的感觉”蛋糕中的叶子使用了同一种手法，用步骤2、步骤3和绿色奶油糖霜来制作折回形叶子。

1. 从中间挤出五条参考线，然后接触工作台表面，将你的裱花嘴朝向左边，水平挤出一片花瓣的一侧。

2. 上下抖动均匀施力挤压裱花袋，直到达到花瓣顶端。

3. 一侧的花瓣制作好之后旋转裱花袋，制作花瓣的另一侧。

4. 重复以上步骤制作其他四片花瓣。

5. 在裱花袋中放入橙黄色奶油，然后在末端剪开一个中号的洞，均匀施力在花朵中间挤出花蕊。用裱花袋剪一个小洞，在花蕊上挤出黄色的圆点。

褶皱造型花

以下的几种花型可以用于多种造型中——我们发现我们经常会用到它们！你可以用不同裱花嘴制作出多种效果，但基本的技巧都是非常相似的。下面是几种例子，你可以进行尝试。为了更清楚地展现效果，我们将它们在裱花钉上作展示，但事实上，通常褶皱造型花都是直接在蛋糕上制作。

花型1，惠尔通150

花型2，惠尔通103

花型1、2是自外圈向内制作的，手持裱花袋呈20~30度角，均匀施力，手上下不停抖动，顺时针（左撇子逆时针）旋转裱花。重复以上步骤制作其他几层。

花型3，惠尔通2D

手持裱花袋，花嘴与蛋糕表面平行。挤压裱花袋，在你逐渐提起裱花袋时左右抖动。

花型4，惠尔通104

花型5，惠尔通103

对于这两种花型，要从外缘开始制作。手持裱花袋呈20~30度角，制作出普通的花瓣（参考“制作花朵”部分）。绕着圈重复制作出花瓣，直到完成一层花瓣的制作。再继续制作2～3层更多的花瓣。这种花型可以制作基本的山茶花。

花型6,97L

手持裱花袋，花嘴垂直。把裱花嘴向下拉，同时挤压裱花袋，轻轻摆动使花瓣呈波浪状。重复以上步骤制作更多花瓣。

多肉植物

对于“多肉景观蛋糕”中像玫瑰一样的多肉植物，可以在小花顶上挤出一点奶油作为中间裱花的基准，然后在上面用惠尔通150号裱花嘴，围绕中心制作像玫瑰一样的花瓣（参考“玫瑰”部分）。旋转裱花钉，多制作几层，直到多肉植物变成你想要的大小。而对于长而尖的多肉植物，用惠尔通68号星形裱花嘴挤出一簇较粗的楔形。均匀施力然后停止挤压，将裱花袋拿开。做好之后多肉植物应放入冰箱冷藏加固10~20分钟。

玫瑰

玫瑰是最受欢迎的一种花，尤其是加在蛋糕装饰中。玫瑰在裱花钉上很容易制作，在本书中，玫瑰的使用非常广泛，特别是在“玫瑰花桶”蛋糕和“花球蛋糕”中。

1. 将惠尔通104号裱花嘴平放在裱花钉上，挤压裱花袋并旋转裱花钉，制作出裱花的基础。

2. 将裱花嘴垂直放置，较宽的一端接触裱花钉表面，稍微向内倾斜。这样中间的花蕾就只会有一个小的开口，旋转裱花钉同时挤压裱花袋，直到使挤出的两端重合。

3. 花嘴继续向内倾斜，旋转裱花钉，围绕花蕾制作出一片拱形的弯曲的花瓣。将花瓣轻轻压向花蕾，使两者之间不留缝隙。每一片花瓣开始的位置都要稍微超过之前一片花瓣的中央，并与之重合。再制作出2~4片花瓣。

4. 在将花蕾用几片花瓣包过之后，将裱花嘴垂直，再制作出4~5片高一些的拱形直立花瓣。

5. 制作好最后几片花瓣后，将花嘴轻轻翘起，在底部继续制作4~5片更长的拱形花瓣。

6. 用剪刀将玫瑰从裱花钉上移走，轻轻地放置在一个平板上，放入冰箱冷藏10~20分钟。

使用威化纸

万能的威化纸很适合拿来制作大号的贴花装饰。它有一定的硬度，还很轻，因此可以制作不需要任何支撑物的漂亮的羽毛、叶子和花朵。而且它可以被描绘上色，你可以加上任何你想要的颜色或图形。

你需要准备

- 威化纸
- 花艺铁丝，或其他可弯曲的细铁丝
- 剪刀
- 酒精，比如伏特加或者柠檬萃取液
- 小刷子
- 调色盘
- 食用色素
- 1小碗水
- 可食用胶水

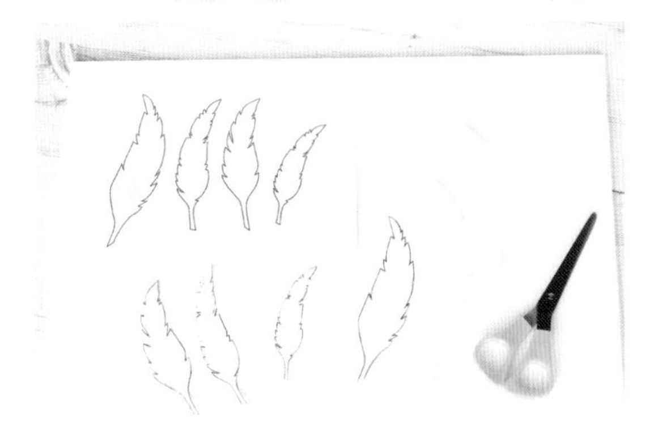

1. 将威化纸修剪成等宽的长条，宽度取决于你的图案大小。“蒸汽朋克礼帽蛋糕”中的羽毛宽4~5厘米。在威化纸的一面涂上一层薄薄的可食用胶水，然后将花艺铁丝粘在中间，再覆上另一片威化纸。

2. 理论上，需要将制好的威化纸放置数小时或者隔夜进行干燥。描出你选择的羽毛或者叶子图案，剪出形状然后沿着形状在威化纸上剪出或画出图案。接下来在威化纸上剪出图案，再涂色。记住要用大量酒精调和染料，否则威化纸会变皱。

模具

你可以用硅胶模具制作出大量漂亮的细节性装饰品，添加到蛋糕上。这些模具在专门的商店或网上商城都可以买到。我们在“古怪的蛋糕”一章中的“蒸汽朋克礼帽蛋糕”“爱丽丝梦游仙境”和“多彩的切块蛋糕”中充分地使用了这种模具。用抹刀将带颜色的奶油糖霜均匀地压入模具中，避免出现气泡，将模具冷冻10~20分钟，然后将做好的图形取出，尽量少用有温度的手指触碰它们，最后添加到蛋糕上。

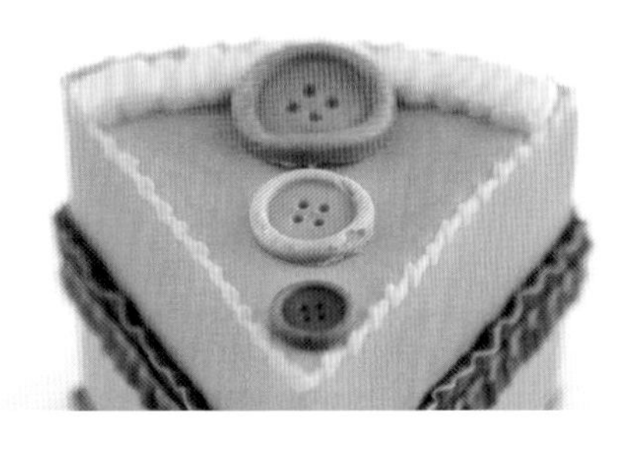

小贴士

不要将奶油霜蛋糕或模具冷冻太长时间，尤其不要过夜，否则奶油糖霜会出现冷凝，导致褪色并破坏造型。冷冻20~30分钟或是轻触时已经变硬即可。

蛋糕花样

经典蛋糕

CLASSIC

艺术蛋糕

ARTISTIC

单色蛋糕

MONOCHROMATIC

风景蛋糕

SCENIC

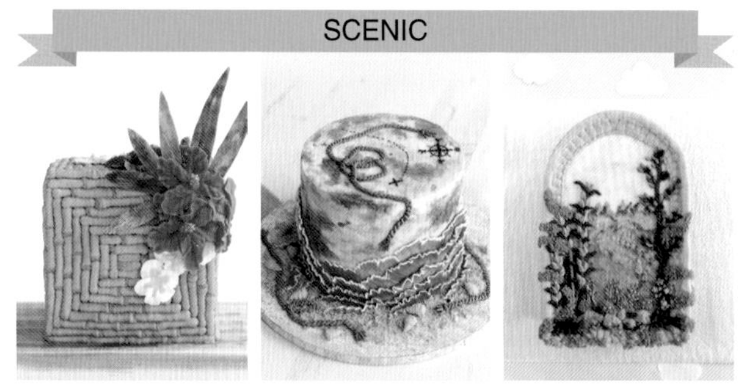

浪漫蛋糕

ROMANTIC

乡村风格蛋糕

RUSTIC

怀旧风格蛋糕

几何造型蛋糕

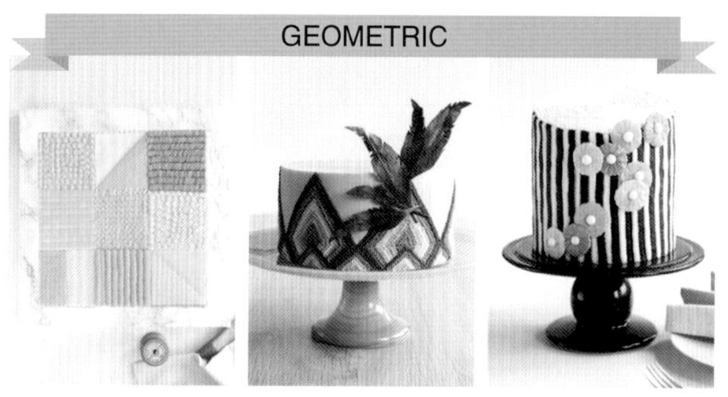

金属元素蛋糕

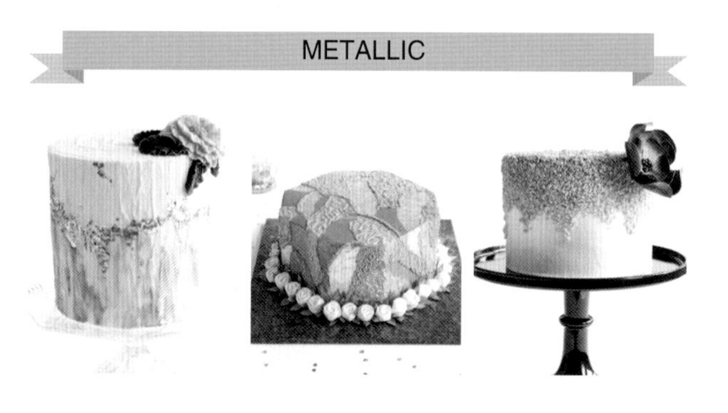

古怪造型蛋糕

刺绣英伦舞曲

这款蛋糕柔和的颜色和雅致装饰给人以蕾丝的质感。由小孔设计出的小花完美地配合这褶边丝带造型，带给人一种简单又优美的视觉体验。

你需要准备

- 20厘米×20厘米方形蛋糕，13厘米高
- 500克白色奶油糖霜
- 1~1.1千克橙黄色奶油糖霜
- 100~200克浅橙黄色奶油糖霜
- 100~200克灰色奶油糖霜
- 烘焙用纸
- 剪刀
- 尺子
- 铅笔
- 牙签
- 短的有角度的调色刀
- 刮板
- 小片纸板或塑料片
- 惠尔通褶皱裱花嘴86
- 惠尔通书写用1号裱花嘴
- 惠尔通编篮裱花嘴47
- 惠尔通花瓣裱花嘴150
- 裱花袋
- 大号糖珠
- 钳子
- 裱花钉

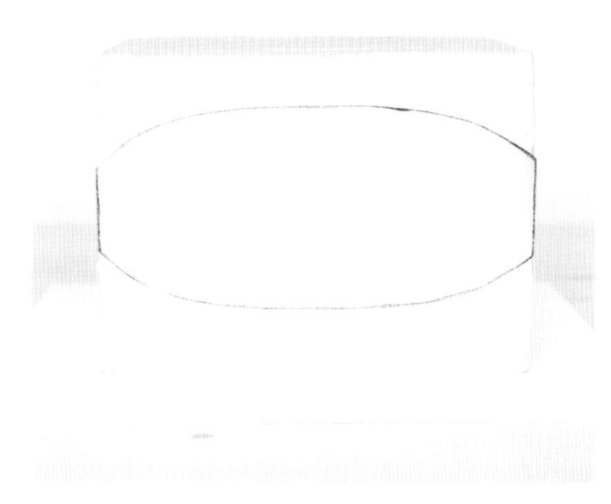

1. 堆叠并给蛋糕预抹面（参照“奶油霜蛋糕基础”部分）。剪一小块烘焙用纸，大约比蛋糕的高度低5厘米，然后将四个角剪圆，如图中所示，做出四片这样的纸片然后如图所示粘在蛋糕的每个面上，距上边缘2.5厘米。

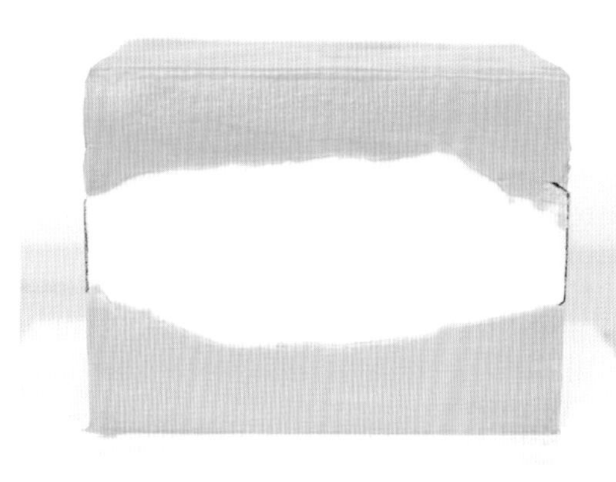

2. 将橙黄色奶油糖霜涂满整个蛋糕，避开贴有烘焙用纸的地方，然后将糖霜表面打磨光滑（参照“奶油霜蛋糕基础”部分）。

小贴士

在用两种颜色装饰蛋糕时，你会发现用烘焙用纸遮挡来取得装饰效果是非常有用的办法。

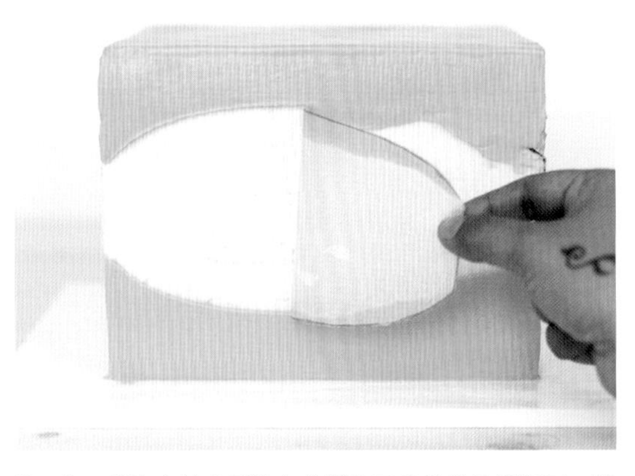

3. 在一根取食签（牙签）的辅助下将烘焙用纸揭开，然后将其完全揭掉。

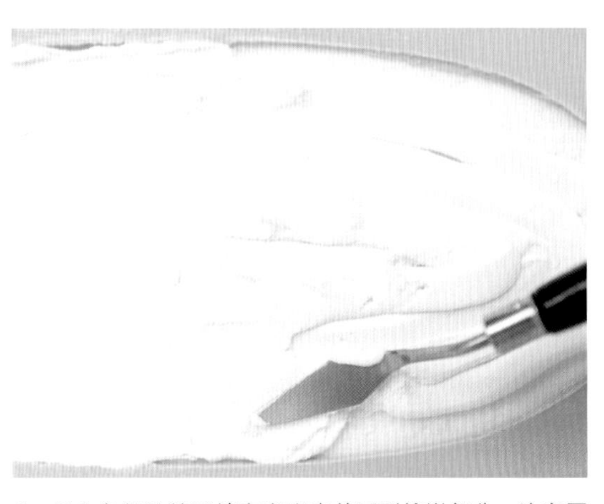

4. 用白色奶油糖霜填充空出来的圆形镶嵌部分，注意厚度要与橙黄色奶油糖霜一致，用一把短的带角度的调色刀小心抹开。

5. 用一小片纸板或塑料片作为刮刀，将奶油糖霜抹平，然后用不织布进行打磨。

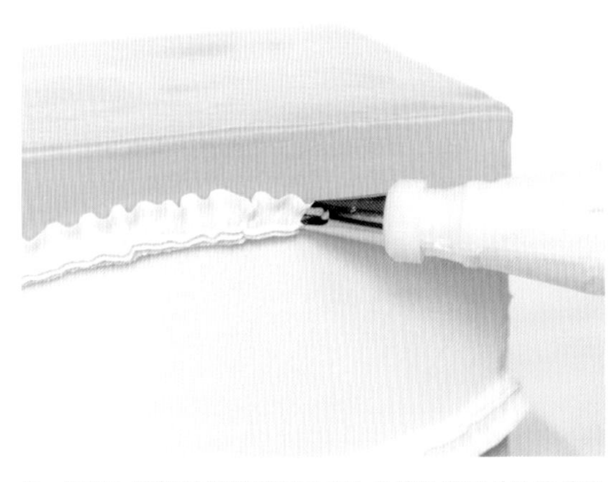

6. 用惠尔通褶皱裱花嘴86围绕白色奶油糖霜的边缘裱出一条丝带图案。将裱花嘴接触圆形部分边缘，持续挤压并沿着边缘的形状拖曳裱花袋。

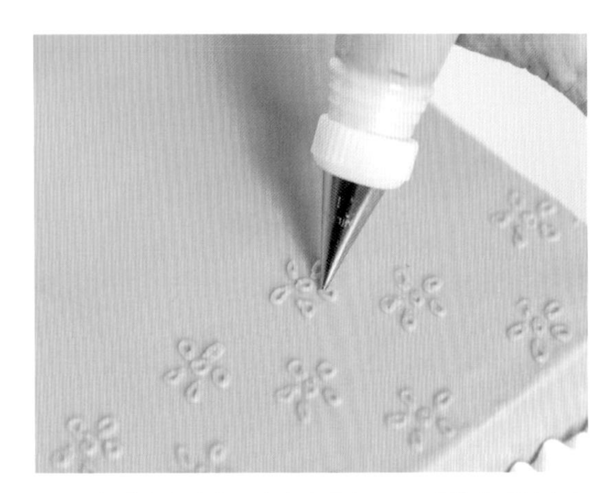

7. 用橙黄色奶油糖霜和惠尔通书写用1号裱花嘴裱出小号五瓣花朵，中间用一个小圆圈组成花心。在整个橙黄色奶油糖霜表面一排排地交错裱出花朵。

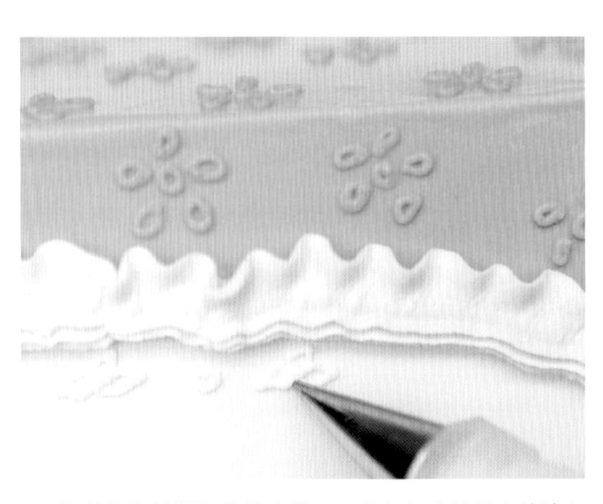

8. 沿着白色镶嵌部分的边缘，用白色奶油糖霜交替裱出三瓣小花和小圆圈。

9. 等待30分钟到1小时，使奶油糖霜表面固化。然后用剪刀将牙签的一端剪断，用钝的这一端在花瓣和花心中戳出小洞，完善花朵细节。

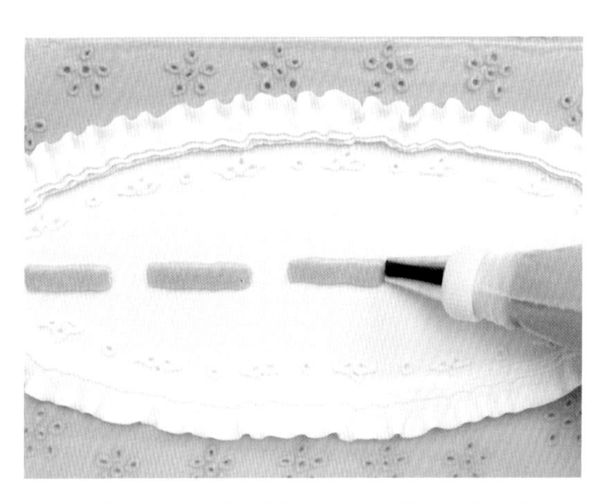

10. 用惠尔通编篮裱花嘴和灰色奶油糖霜47平滑的一面白色镶嵌部分的中间裱出短直线。要确保线条之间留下缝隙。

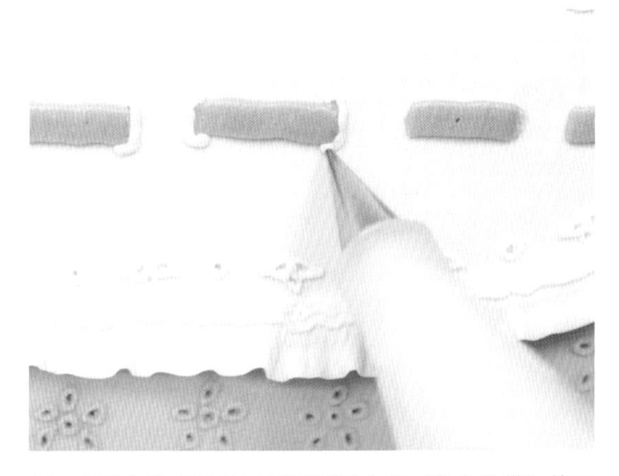

11. 用惠尔通书写用1号裱花嘴在每条“灰色丝带”的两端用白色奶油糖霜裱出“小括号”，然后在蛋糕的每一面裱一个大的灰色蝴蝶结。最后在蛋糕底部用浅橙黄色奶油糖霜和惠尔通花瓣裱花嘴150制作几个丝带玫瑰作为装饰（使用技巧参照“丝带玫瑰心”）。

迷人的黑板蛋糕

你可以在这个古老的黑板上写下任何信息。只需要在那迷人的深色光滑表面改动一下花朵装饰和写在上面的字词，它就可以很轻易地融入你举行的庆祝仪式。

你需要准备

- 直径20厘米圆形蛋糕，20厘米高
- 1.2千克黑色奶油糖霜
- 400~500克白色奶油糖霜
- 300~400克暗粉色奶油糖霜
- 300~400克紫罗兰色奶油糖霜
- 300~400克绿色奶油糖霜
- 50~100克黄色奶油糖霜
- 刮板
- 裱花袋
- 调色刀
- 不织布
- 烘焙用纸（烘焙垫）
- 尺子
- 铅笔
- 剪刀
- 取食签（牙签）
- 惠尔通星形裱花嘴16
- 惠尔通菊花形裱花嘴 81
- 惠尔通花朵裱花嘴14
- 惠尔通叶子裱花嘴 352
- 惠尔通花瓣裱花嘴102

1. 堆叠并给蛋糕预抹面（参照“奶油霜蛋糕基础”部分）。然后调制黑板部分的颜色：将白色的奶油糖霜慢慢加入装有黑色奶油糖霜的大碗中。先取100克糖霜开始制作，加入一定量的白色糖霜将黑色糖霜调成深灰色。然后将糖霜抹在已经完成预抹面的蛋糕胚上。你不需要将它打磨光滑，只要用刮刀抹匀即可。

2. 用剩余的白色糖霜随机的在蛋糕上抹出几块。但不要抹得太多，要确保这几块斑纹之间留有足够的空间。用调色刀的顶端前后或打圈地抹几下，将它延展开。

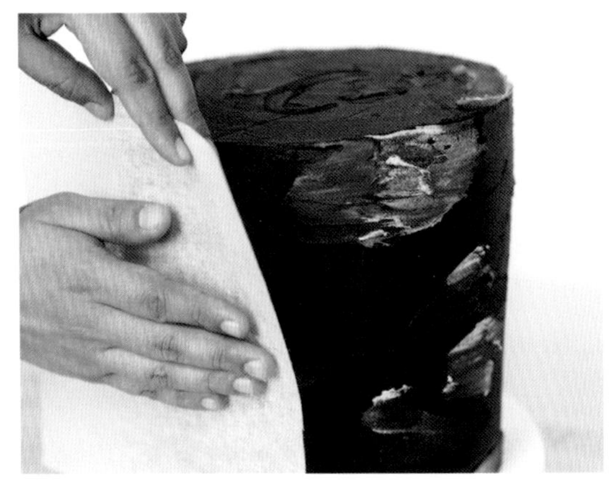

3. 用无纺布轻轻地将糖霜表面打磨光滑（参照“奶油霜蛋糕基础”部分）。

4. 将烘焙用纸修剪成圆弧形，作为花朵装饰位置的参照，大约20厘米长。将其贴在蛋糕上半部分，用牙签沿着烘焙用纸画出一个大致的标记，然后将纸移除，再重复这一步骤，用同样形状的烘焙用纸在蛋糕下半部分画出标记。

5. 在裱花袋顶端开一个小口或者安装1号或2号裱花嘴，然后用白色奶油糖霜在蛋糕上写出你想写的文字。这个蛋糕上我写了“Love”这个词。要使字出现在你画出的辅助线中间。

6. 在蛋糕上加上白色的涂鸦、曲线、心形或叶子用以装饰，但是不要超过蛋糕上半部分的基准线或低于下半部分的基准线。

7. 用暗粉色的蛋白糖霜和星形花嘴16，沿着基准线裱出一朵螺旋状的小花。然后沿着基准线裱出更多的小花，花朵之间留出空隙。在上下两条基准线上都画出花朵。

小贴士

如果你不小心写错，只需要用调色刀将白色奶油糖霜在黑色表面抹开混合即可。如果你弄错的地方太多，抹开会使背景颜色过浅的话，只需要在上面涂薄薄一层黑色奶油糖霜，然后再重复以上步骤。将“黑板”做好后静置3~4小时使表面固化，这样在用白色糖霜写字和装饰时，两种颜色就不会互相渗透。

8. 用菊花形裱花嘴81和紫罗兰奶油糖霜裱出小号的菊花。将花嘴直接对准蛋糕表面，弯曲的一面朝外，轻轻地挤压裱花袋，然后慢慢提起，不再施力，制作出短小的花瓣，在中间用黄色奶油糖霜裱出花心。

9. 用浅粉色奶油糖霜和花朵裱花嘴14裱出花朵，手持裱花袋，裱花嘴轻轻蛋糕表面，呈90度角。轻轻挤压裱花袋，顺时针旋转（左撇子请逆时针旋转）直到出现花朵的形状，然后停止挤压，提起裱花袋。用黄色奶油糖霜添加花蕊和基本的花苞。

10. 在花朵之间用浅绿色奶油糖霜画一些圆点和叶子，可以使用顶端开了一个小洞的裱花袋和叶子裱花嘴352。

圣洁的帽盒

对一些人来说，一个帽盒可能只是用来装帽子的普通容器，但是我们给它加入柔和的粉色玫瑰和黄色玫瑰，使其变得高贵典雅。我们用较浅的颜色与花朵组合，突出了它的复古造型，完美衬托了盒子上的浅绿色调。

你需要准备

- 直径20厘米圆形蛋糕，15厘米高
- 直径15厘米圆形蛋糕，5厘米高
- 直径20厘米圆形假蛋糕，2.5~4厘米高
- 直径20厘米圆形薄蛋糕板
- 700~800克浅绿色奶油糖霜，用于给蛋糕抹面
- 200~300克浅粉色奶油糖霜
- 200~300克粉色奶油糖霜
- 200~300克黄色奶油糖霜
- 300~400克紫罗兰色奶油糖霜
- 200~300克浅绿色奶油糖霜
- 200~300克浅黄色奶油糖霜
- 可食用胶水
- 刮板
- 调色刀
- 固定销
- 尺子
- 剪刀
- 惠尔通花瓣裱花嘴103
- 惠尔通花瓣裱花嘴104
- 惠尔通叶子裱花嘴 352
- 裱花袋
- 钳子
- 糖珠

1. 用惠尔通花瓣裱花嘴104预先制作好15~18朵玫瑰，颜色为浅粉色、粉色和黄色，大小不一。

2. 用薄蛋糕板和假蛋糕作为帽盒的盒盖，在把假蛋糕粘到蛋糕板上之前，在蛋糕板中间用固定销戳一个洞。

小贴士

在这一部分我们用一个假蛋糕来制作帽盒的盖子，这样便于安装。但是，你愿意的话可以用一个真正的蛋糕胚来制作。

3. 将20厘米的蛋糕堆叠好（参照“奶油霜蛋糕基础”部分），然后将15厘米的蛋糕胚放置在顶部中间位置。把顶部的蛋糕胚沿着对角线切开。最高点的高度要足够容纳你接下来要加上去的玫瑰装饰。在这款蛋糕中我们留了大约5厘米的高度

4. 将一个固定销贯穿整个蛋糕，测量出最高点的位置并做记号，依照记号剪断固定销，再将它拔出来，把一头削尖。

5. 将假蛋糕胚放到蛋糕顶端，确定成品能达到你想要的高度，然后将其拿开。给蛋糕进行预抹面，把蛋糕上部和侧边用绿色奶油糖霜抹面并打磨光滑（参照“奶油霜蛋糕基础”部分）。

6. 用尺子和刮刀沿着蛋糕在奶油糖霜上划出四条垂直并互相平行的线，线之间的距离要相等。

7. 用浅黄色奶油糖霜惠尔通花瓣裱花嘴103沿着垂直的线裱出“背靠背”花边（参照“裱花样式”部分），裱花嘴较宽的一头紧贴垂直的基准线。

8. 在需要装饰玫瑰的地方挤出一团奶油糖霜，以提供一个角度将玫瑰花粘好。要注意玫瑰的高度不能超过顶部蛋糕的外沿高度，这样在将帽盒的盖子盖上时，就不会压到玫瑰花装饰。

9. 在最上一层蛋糕的顶部抹上一层薄薄的奶油糖霜。插入固定销，使尖的一段朝外，然后将盖子盖上。小心地按压，但是要将其按实，这样固定销就能刺入盖子，保护其不会与蛋糕脱离。

10. 将裱花袋顶端剪一个小洞，在盖子的边缘和盒子的顶部边缘用浅绿色奶油糖霜裱上一层珠子花边（参照“裱花样式”部分）

11. 用惠尔通叶子裱花嘴352和浅绿色奶油糖霜在玫瑰之间裱上叶子，填补缝隙。

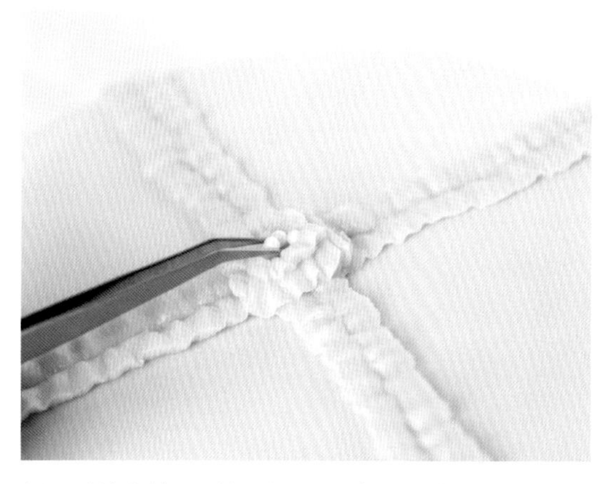

12. 继续在盖子上裱出与蛋糕上相对应的丝带，然后在顶端丝带的交接处做一朵丝带花。用镊子在花心处装饰几颗糖珠。

来自罗密欧·布里托（Romero Britto）的灵感

这个蛋糕是为了致敬巴西灿烂辉煌的neo-pop文化运动，罗密欧·布里托（Romero Britto）是一名艺术家、画家和雕塑家，他的作品都是一种艺术盛宴。我们喜爱他非凡的技巧和生动的色彩，将历史、有趣的主题和流行艺术赋予每一块画布。他的艺术散布了爱、欢乐和热情，当然也给予我们灵感！

你需要准备

- 20厘米×15厘米方形蛋糕，15厘米高
- 700克未染色的奶油糖霜
- 250克黑色奶油糖霜
- 250克黄色奶油糖霜
- 250克深黄色奶油糖霜
- 250克橙黄色奶油糖霜
- 250克浅粉色奶油糖霜
- 250克暗粉色奶油糖霜
- 250克红色奶油糖霜
- 250克浅绿色奶油糖霜
- 250克中度绿色奶油糖霜
- 250克紫罗兰色奶油糖霜
- 250克蓝色奶油糖霜
- 惠尔通书写用5号裱花嘴
- 惠尔通圆形12号裱花嘴
- 裱花袋
- 饼干切模（各种心形和小花朵形）
- 刮板
- 小号圆形和不规则形的纸板
- 牙签

1. 准备好染好颜色的奶油糖霜，将每一种颜色分别装到裱花袋中，裱花袋的顶端开一个小孔。将黑色的裱花袋装上惠尔通书写用5号裱花嘴，或者是将裱花袋顶端的孔开得稍微大一些。

2. 堆叠蛋糕并进行预抹面（参照“奶油霜蛋糕基础”部分）。然后从屋顶最大的心形的位置开始，因为它是装饰的主图。用一个蛋糕切模在蛋糕的顶部印出1个印子，并在蛋糕侧边印出2~3个印子。

小贴士

为了防止黑色的奶油糖霜与其他颜色的奶油糖霜相渗透，你可以先使用黑色糖霜绘制图案，然后静置30~60分钟使其干燥固化，然后再裱出其他图案。画图案的最好方法是利用各种切模，你可以通过抹平奶油糖霜的方式改变它们的设计，直到你对整个造型感到满意为止。

3. 用牙签在蛋糕底部四个侧边画出一些半圆。

4. 在蛋糕上画出明显的长长的线条，将蛋糕分成几个区域。为了达到正确的效果，线条之间应该彼此相连。要确保线条间隔出的空间足够大到加入各种装饰图案。

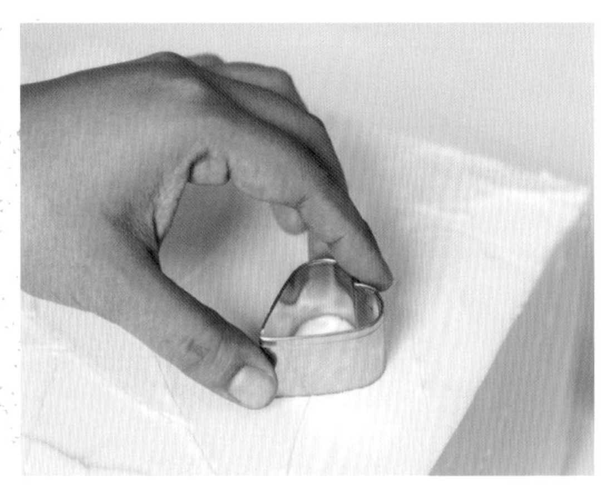

5. 用最小的心形切模沿着线条无序地印出几个心形。

6. 用黑色的奶油糖霜，均匀势力，描出你画出的长线条，然后是大的心形，最后是小的心形。

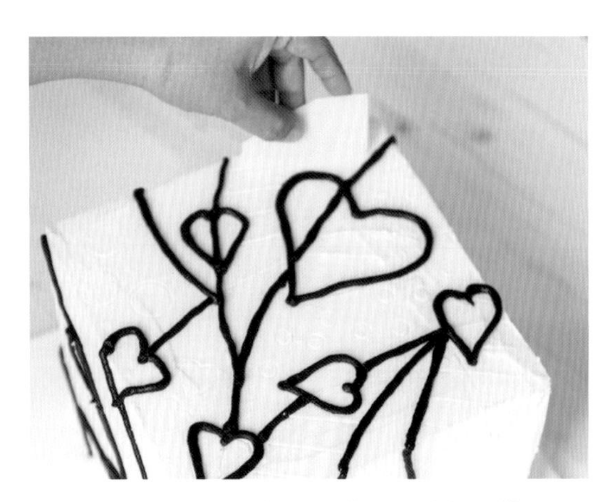

7. 用惠尔通圆形12号裱花嘴、花朵形状饼干切模。刮刀和小号纸板在线条之间的部分绘制图案、画出条纹。

8. 手持裱花袋，均匀施力、前后移动，用不同颜色的奶油糖霜填充蛋糕上的小图案（圆形、心形和花朵）。手法就如同刺绣中的直线绣针法。

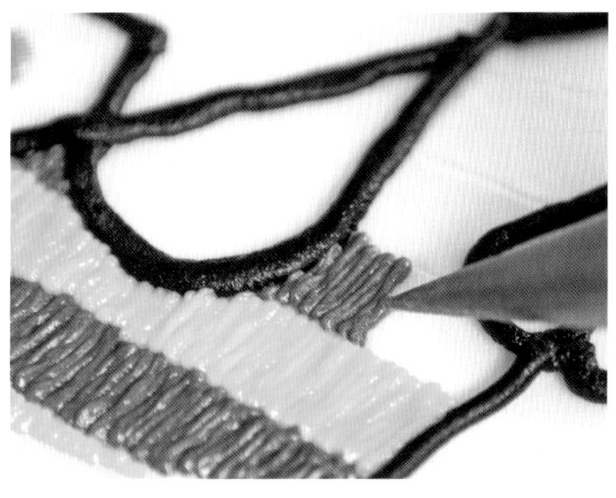

9．接下来填充剩余空白处的条纹，要用不同的颜色填充。

10．最后绘制整个蛋糕其他空白的部分，将所有形状和条纹都用颜色填满，要注意不同形状之间“针法”的走向要有所变化。

梵高的向日葵

梵高的向日葵油画无疑是他在世界上最广为人知的作品。颜色散发的活力给观赏者带来强烈的印象。对我们来说，梵高的这幅杰作是乐观和希望的代表。

你需要准备

- 20厘米×20厘米方形蛋糕，10厘米高
- 200~300克深黄色奶油糖霜
- 200~300克亮黄色奶油糖霜
- 200~300克中度黄色奶油糖霜
- 200~300克浅蓝色奶油糖霜
- 50~100克深蓝色奶油糖霜
- 100~200克深绿色奶油糖霜
- 100~200克浅绿色奶油糖霜
- 400~500克深棕色奶油糖霜
- 100~200克浅棕色奶油糖霜
- 调色刀
- 小号尖端调色刀
- 烘焙用纸
- 铅笔
- 剪刀
- 裱花袋
- 惠尔通小号星形裱花嘴16
- 惠尔通叶子裱花嘴67
- 惠尔通叶子裱花嘴352

1. 将深黄色奶油糖霜涂到蛋糕上表面的底部，制作出有坡度的“风景”作为花朵背景。加入一些亮黄色，用大号调色刀抹平，然后用小号调色刀抹出一些水平的笔触。

2. 再用相同的手法在上表面剩余的部分用两种蓝色进行装饰。

小贴士

市面上有各种叶子裱花嘴，要找到适合你蛋糕的那一款。

3. 剪一小块与蛋糕侧面等高等宽的烘焙用纸，平行对折两次，然后将折痕用一块卡片在蛋糕上标记出来。

4. 用星形裱花嘴16和深棕色奶油糖霜沿着折痕裱出斜线。每行的方向跟上一行相反。要确保行与行之间没有缝隙。

5. 用同一个星形花嘴绕着蛋糕顶部边缘裱出贝壳型的花边。

6. 在裱花袋的顶端开一个中号的小孔，然后用深绿色奶油糖霜裱出花径。

7. 用圆圈标记出所有向日葵花冠的位置。

8. 用惠尔通叶子裱花嘴67裱出花朵（参照“裱花样式”部分）。以已完成的蛋糕的照片作为指导，先裱出底层的花，包括在蛋糕边缘的花，再制作剩余的花。

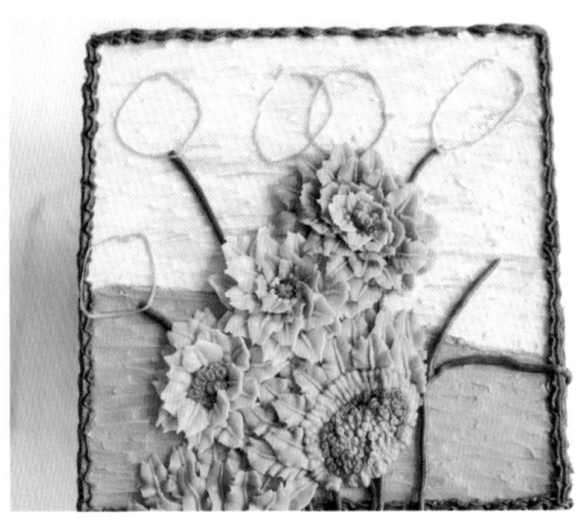

9. 制作向日葵，替换浓淡不一的黄色奶油糖霜，营造出层次感。

10. 用叶子裱花嘴352和亮黄色奶油糖霜完成剩余的向日葵。制作这些花的花瓣时，要做的比之前窄一些、平一些。用深棕色和浅棕色奶油糖霜在花心处裱出圆点。

睡莲印象

你会发现，用简单的裱花技巧就能轻松完成印象派的杰作！克劳德·莫奈的睡莲系列油画是我们的创作灵感来源，而奶油糖霜就是我们的表现媒介。虽然没有展示过多的细节，但是还是可以看出这款蛋糕表现了宁静的湖面上，盛放着雅致的粉色睡莲。

你需要准备

- 直径20厘米的圆形蛋糕，15厘米高
- 300~400克浅蓝色奶油糖霜
- 300~400克中度蓝色奶油糖霜
- 300~400克深蓝色奶油糖霜
- 300~400克非常浅的绿色奶油糖霜
- 300~400克浅绿色奶油糖霜
- 300~400克中度绿色奶油糖霜
- 300~400克深绿色奶油糖霜
- 300~400克浅粉色奶油糖霜
- 50~100克深粉色奶油糖霜
- 50~100克深紫色奶油糖霜
- 50~100克黄色奶油糖霜
- 惠尔通花瓣裱花嘴125
- 惠尔通草地裱花嘴233
- 惠尔通叶子裱花嘴352
- 裱花袋
- 裱花嘴连接器

1. 在用惠尔通草地裱花嘴233制作“印象派颗粒”时，挤压裱花袋之前要将其与蛋糕表面垂直呈90度角。

2. 轻轻挤压裱花袋，略微挤出奶油糖霜，然后在提起裱花袋之前停止挤压。

小贴士

如果你在挤压裱花袋时不小心用力过猛，使挤出的颗粒过大而且融合在了一起，只需要用调色刀或抹刀将它们刮走，然后再次制作即可。

3. 堆叠蛋糕，修整蛋糕上部分边缘的形状（参照“威基伍德蓝”步骤1~4），并进行预抹面（参照“奶油霜蛋糕基础”部分）。将任意一种蓝色奶油装入裱花袋，裱花袋顶端剪开一个小孔，在蛋糕上标记出不同蓝色的大体位置。

4. 用惠尔通草地裱花嘴233裱各种蓝色奶油糖霜。对细节进行制作时，要确保它们一簇一簇的，不要呈星星点点的点缀状，这样颜色就不会混合在一起。

5. 继续给绿色糖霜画出标记线。

6. 重复之前裱蓝色糖霜的步骤，将除深绿色之外的各种绿色画在相应的位置上。

7. 将裱花袋剪一个小孔，用深绿色奶油糖霜裱出波浪状的一排紧挨在一起的圆点作为阴影

8. 用原色、浅粉色、深粉色和深紫色奶油糖霜重复以上步骤，裱出睡莲的倒影。

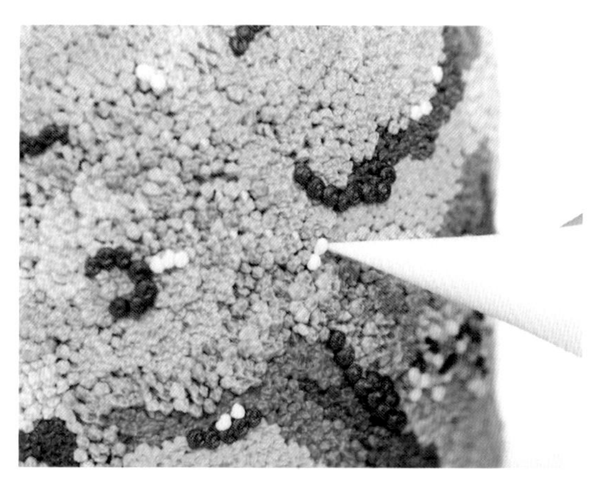

9. 将裱花袋剪一个小孔，随机裱出一些白色圆点，用于点缀。

10. 用惠尔通花瓣裱花嘴125在蛋糕顶部裱出一些睡莲的叶子。手持裱花袋，与蛋糕表面呈一个较平缓的角度，裱花时花嘴较宽的一端朝内。

11. 在睡莲叶子的中部，用浅粉色奶油糖霜以裱向日葵的方法裱出睡莲（参照“制作花朵”部分），注意第一层花瓣要呈30~40度角，然后再加大角度从花心处多裱一层花瓣。

12. 在裱花袋顶端剪一个小洞，用黄色奶油糖霜裱出花蕊。最后在蛋糕底部裱出一些睡莲叶子和睡莲花作为点缀。

法式印花风情蛋糕

法式印花（Toile de jouy）是最早用于纺织品的一种经典装饰，流行于18世纪中期。常常是将花朵或田园风的图案重复用一种颜色不断印在布料上。你可以选择任意你喜欢的图案描绘在烘焙用纸上，或者用现成的切模纸、装饰垫布和纸质贴花。你可以看到，用简单的图案不断重复，就可以制作出静置的感官效果。

你需要准备

- 20厘米×20厘米的方形蛋糕，10厘米高
- 1.5千克白色奶油糖霜
- 粉色食用色素膏
- 烘焙用纸
- 钢笔或铅笔
- 剪刀
- 一小块硬纸板或硬卡纸
- 尺子
- 刮板
- 锯齿刀
- 极小的喷枪笔
- 调色板或调色盘
- 任何尺寸的油画笔
- 一小碗水
- 干净的海绵
- 干净的纸巾
- 牙签
- 裱花袋
- 惠尔通裱花嘴199

1. 在烘焙用纸上描出你选择的图案，或者在网上找一些没有版权的图案，调整其大小，使其适合你的设计。将图形剪下。

2. 堆叠蛋糕（参照“奶油霜蛋糕基础”部分）。用硬纸板剪出四个直角边长为5厘米的等腰直角三角形，在蛋糕的每个角上放一个作为指导。

小贴士

这款蛋糕的唯一限制就是你的想象力！你可以自己画图，或者在网上找一些没有版权的图案，也可以从剪贴簿上找一些剪纸图案。

3. 用剪刀或刮板比照着蛋糕上层的三角形，从三角形角的顶点开始，用奶油糖霜垂直在侧边画一条线。

4. 用锯齿刀沿着线将蛋糕的角切下来，给蛋糕进行预抹面，然后用白色糖霜抹面并打磨光滑（参照“奶油霜蛋糕基础”部分）。

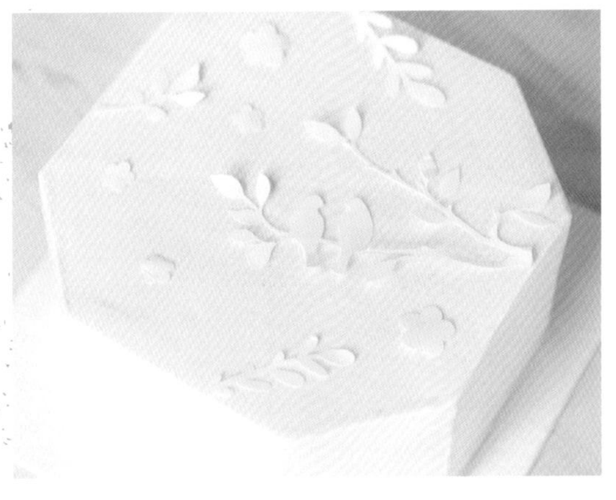

5. 蛋糕抹面后将图案纸直接放到蛋糕的表面，这样它们会被有黏性的奶油糖霜微微粘住。如果等表面固化之后再放上去，图案纸就不会被粘在蛋糕表面，此时可以在纸的背面涂上薄薄一层植物起酥油。

6. 将少许粉色食用色素膏挤到调色盘中，加入几滴水稀释。用油画笔将颜料适当调匀。

7. 切下一小块海绵浸入色素，记得色素不要蘸取过多。用海绵在干净的纸巾上涂抹，以除去多余的水分，并检查颜色的浓度。

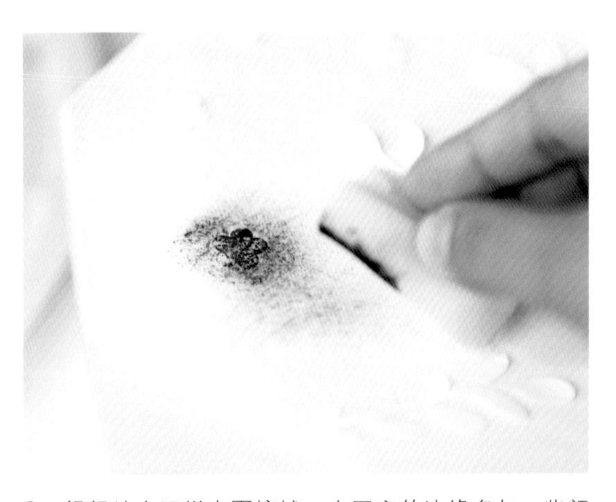

8. 轻轻地在蛋糕表面擦拭，在图案的边缘多加一些颜色，作出阴影效果，使其看起来更加立体。

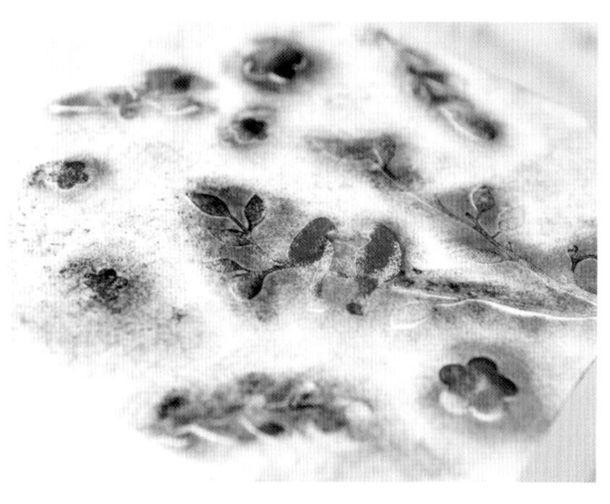

9. 把背景部分的阴影做得浅一些，继续在蛋糕表面进行涂抹。

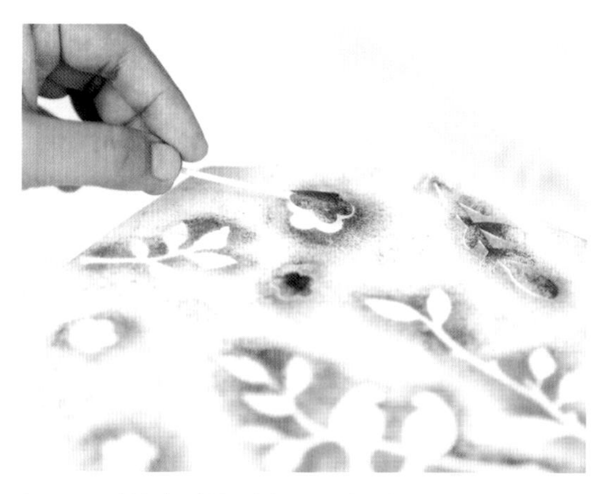

10. 用牙签轻轻地将纸样从蛋糕表面揭掉。

11. 围绕蛋糕底部用惠尔通裱花嘴199裱出环状花边作为装饰。

小贴士

涂色时，注意抹颜色时不要太用力，否则会在蛋糕表面留下凹陷。

威基伍德蓝

威基伍德牌碧玉陶器的经典配色举世闻名。柔和的蓝色背景搭配花朵形状的精美装饰品。你可以在蛋糕上制作出属于你自己的威基伍德单色风格的历史感装饰。你的设计中可以使用任何你喜欢的图案——挑选出一些合适的图案，使你的蛋糕散发出艺术的气息。

你需要准备

- 直径20厘米圆形蛋糕，15厘米高
- 1千克浅蓝色奶油糖霜，用于给蛋糕抹面
- 100~200克浅蓝色奶油糖霜
- 100~200克中度蓝色奶油糖霜
- 100~200克深蓝色奶油糖霜
- 烘焙用纸
- 剪刀
- 钢笔或铅笔
- 尺子
- 锯齿刀
- 小片纸或纸板
- 刮板
- 裱花袋
- 惠尔通花瓣裱花嘴2号或3号（可选用）
- 圆头或平头刷子
- 1小碗水
- 牙签

1. 将蛋糕堆叠好（参照“奶油霜蛋糕基础”部分），然后制作一张直径2.5厘米的圆形烘焙用纸放在蛋糕顶部，烘焙用纸要小于顶部蛋糕胚。

2. 从蛋糕上边缘测量出2.5~5厘米的长度（取决于你将蛋糕的边缘修整成什么样子），用奶油糖霜划一圈基准线。

小贴士

一些威基伍德牌陶器是在白色的底色上带有蓝色的细节图案，看上去有一种美丽的变化。不过你可以用一种蓝色来进行裱花，也可以选择比我们在这里提到的更多种的蓝色。

3. 用锯齿刀沿着标记线小心地修整出蛋糕的曲线。

4. 用硬纸板制作出一个弧度的模具，用它来测量修整出的边缘曲线是否一致，并进行调整。

5. 制作好带有弧度的边缘之后，用浅蓝色奶油糖霜给蛋糕进行预抹面，并正式抹面，打磨光滑（参照“奶油霜蛋糕基础”部分）。

6. 在不同的裱花袋中准备3种深浅不一的蓝色奶油糖霜：浅蓝、中度蓝和深蓝。将裱花袋的顶部剪开一个小孔，或者安装惠尔通花瓣2号或3号裱花嘴，开始画最外缘的一层花瓣。用中度蓝色画出一条弯弯曲曲的线作为轮廓。

7. 用小刷子从轮廓内部向内刷，作出渲染的效果。重复以上步骤画出更多的外层花瓣。

8. 重复画出多层花瓣之后，完成整朵花，如果制作时使得轮廓线不那么明显了，可以最后再用裱花袋勾一遍轮廓线。

9. 用牙签在蛋糕上勾勒出花朵的茎和叶子。

10. 用浅蓝色奶油糖霜填充叶子，将裱花袋来回移动，就像刺绣的纹路一样。（参照“来自罗密欧·布里托的灵感”蛋糕的步骤8）

11. 用深蓝色奶油糖霜，并使用同样的裱花手法，勾勒出叶子的形状并画出花径。

12. 在蛋糕周围添加更多大小不一的花朵，最后在蛋糕底部用深蓝色裱出一圈贝壳或珠子图案（参照“裱花样式”部分）。

浮雕蛋糕

这款蛋糕的灵感来源于雕刻在平整表面上的浮雕，它们的花纹浮现在底面上，就像我们用奶油糖霜做出的装饰出现在平整的蛋糕上一样，而不是修整蛋糕的形状。你可以选用浅色或深色的蛋糕底色来衬托出装饰细节。

这款蛋糕华丽复杂的花纹，非常适合大型的庆祝活动。

你需要准备

- 15厘米×15厘米方形蛋糕，20厘米高
- 1千克浅奶油色奶油糖霜
- 800克中度奶油色奶油糖霜
- 固定销
- 烘焙用纸
- 刮板
- 裱花袋
- 剪刀
- 裱花嘴连接器
- 惠尔通花瓣裱花嘴103
- 惠尔通小星星裱花嘴16
- 惠尔通书写用1号裱花嘴（选用）
- 喷枪
- 珍珠色喷枪用颜料

1. 堆叠蛋糕并安装固定销，使其变得稳固，然后进行预抹面和正式抹面，打磨光滑（参照“奶油霜蛋糕基础”部分）。

2. 在蛋糕的每个棱角处用中度奶油色奶油糖霜和惠尔通花瓣裱花嘴103裱出花苞、玫瑰和蕾丝花（参照“制作花朵”部分）。

小贴士

除了强调细节装饰呈现出浮雕效果之外，你也可以用各种模具制作出不同的形状，并用薄薄的一层蛋糕糖霜粘在蛋糕表面制作出浮雕效果。如果模具制作出的装饰比较重，也可以用可食用胶水代替奶油糖霜作为黏合剂，防止装饰物从蛋糕上掉下来。

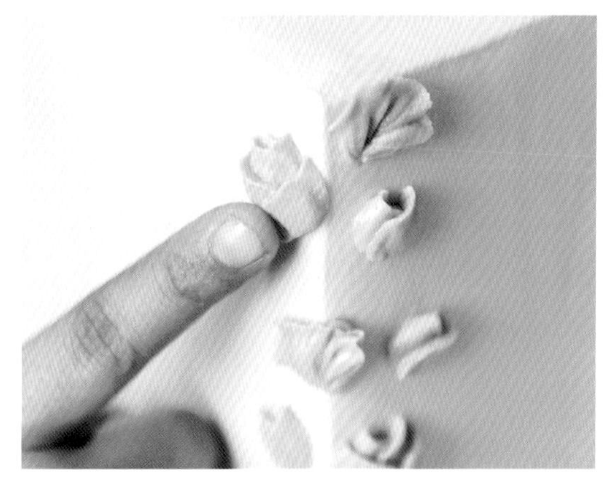

3. 制作好花朵之后，轻轻拍打花瓣结束处不平整的一面。

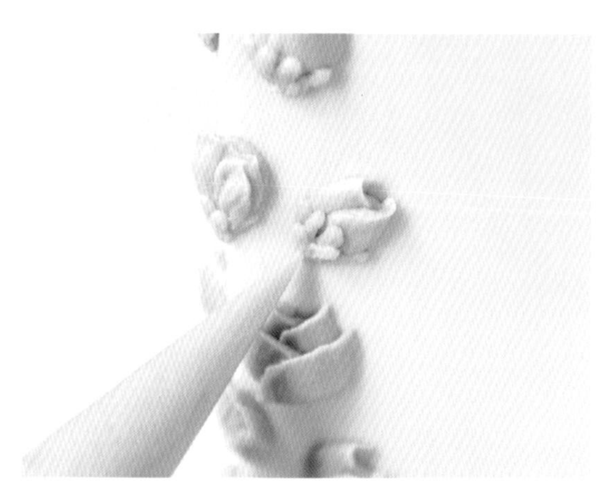

4. 将中度奶油色奶油糖霜装入剪开一个小孔的裱花袋中，在每朵花苞和玫瑰的底部裱出花萼，在蕾丝花的底部裱出圆点。

5. 用惠尔通小星星裱花嘴16裱出星星形状，使其看起来像长长的一簇花朵，用以填补玫瑰和花蕾之间的缝隙。注意要将每朵花之间的缝隙都用小星星填补好。

6. 用剪了一个小孔的裱花袋或者惠尔通书写用1号裱花嘴在每串星形花朵串的顶端都裱上小的花苞

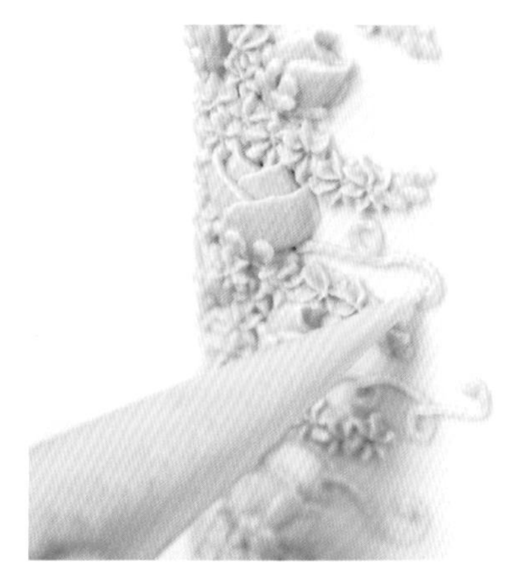

7. 沿着蛋糕角落画出弯曲的曲线，给蛋糕添加更多细节装饰。

8. 用喷枪给一些花朵重点喷上珍珠色，但不要喷太多，只需要加一点儿光泽即可，不要使整个蛋糕看起来都像金属般过分亮闪闪的。

小贴士

在用喷枪进行细节装饰时，要将喷枪拿得离目标近一些，能更精准地操作，但是注意不要离得过近，否则喷雾不会均匀地喷上，反而会滴下来。

绝对热带风情

在这款充满热带风情和热带岛屿氛围的蛋糕中放松一下吧！竹子和木槿花的组合营造出一种新鲜、平静的感觉，非常适合夏日的户外庆祝活动。这一簇异国情调的花朵给沉静的绿色背景蛋糕添加了热情的色彩。

你需要准备

- 15厘米×15厘米方形蛋糕，10厘米高
- 600~700克绿色奶油糖霜
- 50~100克焦糖色奶油糖霜
- 100~200克黄色奶油糖霜
- 150~200克白色奶油糖霜
- 100~200克浅粉色奶油糖霜
- 100~200克橙色奶油糖霜
- 100~200克蓝色奶油糖霜
- 惠尔通书写用10号裱花嘴
- 惠尔通花瓣裱花嘴104
- 威化纸叶子
- 裱花袋

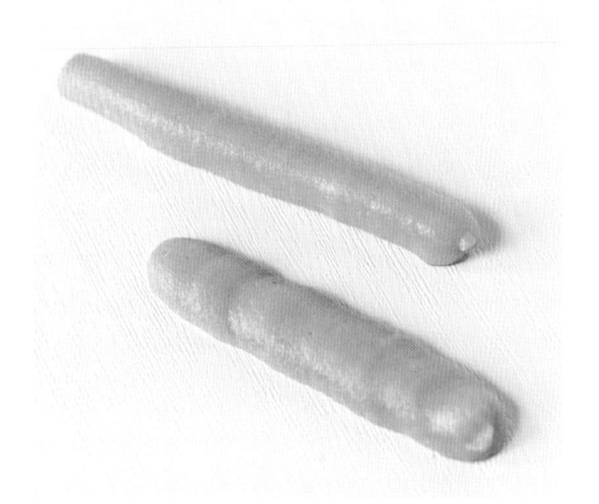

1. 制作竹子的时候，将裱花袋倒向一边往后拉，使制作出来的竹子呈圆柱形（图中上面的例子），不要与蛋糕表面呈90度角，这样制作的竹子将是扁平的（图中下面的例子）。

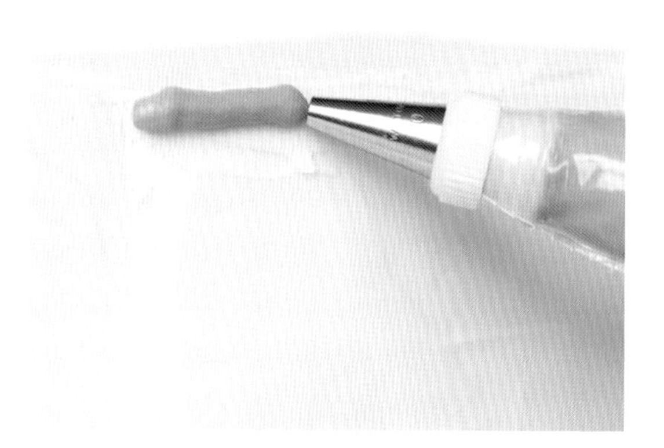

2. 堆叠蛋糕并进行预抹面（参照“奶油霜蛋糕基础”部分）。然后从蛋糕顶部的任一个角开始，用惠尔通书写用10号裱花嘴和绿色奶油糖霜制作2.5~4厘米长的竹节。

小贴士

这款蛋糕的侧边是一个长方形，由于它比较小，所以我们在这里没有使用任何固定销，如果你想制作一个更大的蛋糕，就需要使用固定销，使蛋糕层与层之间变得更加稳固。

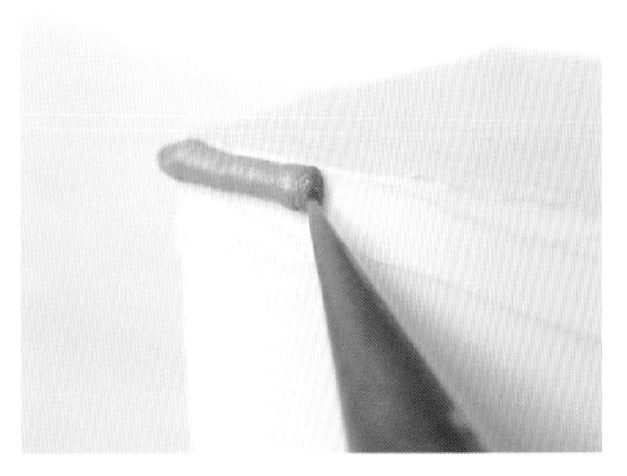

3. 在剪了一个小孔的裱花袋中加入焦糖色奶油糖霜在竹节的末端画上一段短的、厚的线。

4. 重复同样的步骤，在蛋糕的边缘裱出竹节，然后向内进行装饰，直到用竹节布满整个蛋糕表面。

5. 确保竹节之间紧紧挨着，两两之间没有缝隙。

6. 用惠尔通花瓣裱花嘴104和白色和黄色奶油糖霜，以“浪漫蕾丝蛋糕”中提到的双色效果在蛋糕上直接裱出几朵鸡蛋花。一部分花可以重叠，这样看上去更加自然。

7. 制作威化纸叶子（参照“使用威化纸”部分）。在你想要黏附叶子的位置抹上一些奶油糖霜。

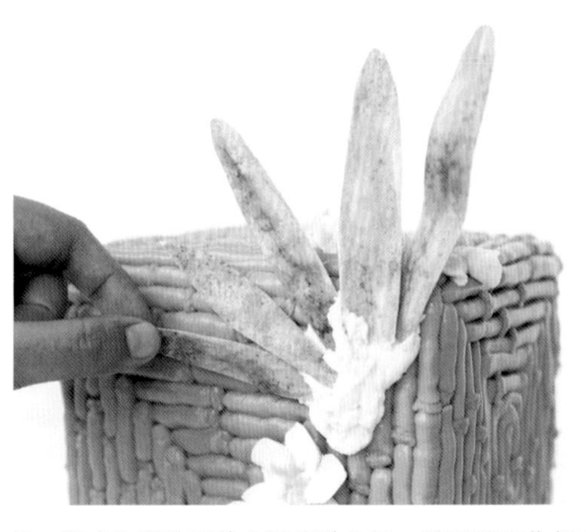

8. 将威化纸叶子粘在适当的位置，并调整出你想要的造型。

9. 在蛋糕上用惠尔通花瓣裱花嘴104直接裱出木槿花，然后用黄色奶油糖霜在花心处裱出小圆点（参照“制作花朵”部分）。在制作花朵时要微微向蛋糕方向施力，使花朵能够黏附在蛋糕上。

10. 增加一些粉色木槿花，完成整个蛋糕造型。

沙滩寻宝

海洋风总能很好地吸引大家的注意，海岸线有一种特殊的力量能驱使我们靠近。所以，有什么比沙滩风蛋糕更能吸引人呢？特别是标注了藏宝图的蛋糕！这个蛋糕还包含了可食用的海螺、小点心做成的沙子、蓝色的褶皱海浪、一条长麻绳和一个指南针——是送给沙滩爱好者和海员的大餐！

你需要准备

- 直径20厘米圆形蛋糕，15厘米高
- 1千克浅奶油色奶油糖霜
- 400~500克中度蓝色奶油糖霜
- 400~500克浅蓝色奶油糖霜
- 300~400克白色奶油糖霜
- 100~200克深黄色奶油糖霜
- 50~100克黑色奶油糖霜
- 50~100克褐色奶油糖霜
- 30~50克红色奶油糖霜
- 刮板
- 调色刀
- 裱花袋
- 剪刀
- 无纺布
- 2~3汤匙可可粉
- 3~4汤匙融化的可可脂或植物起酥油
- 调色板或小浅碟
- 圆头刷
- 圆角正方形刷子
- 牙签
- 惠尔通花瓣裱花嘴104
- 压碎的消化饼

1. 将蛋糕堆叠好并进行预抹面（参照“奶油霜蛋糕基础”部分），然后将其放置在蛋糕台上，用浅奶油色奶油糖霜正式抹面，用抹刀抹平。在裱花袋顶端剪开一个洞，随意抹上一团深黄色奶油糖霜，再用抹刀以画圈的方式抹开，用褐色奶油糖霜重复以上步骤。

2. 刮擦蛋糕侧边和顶部，制作出一种大理石效果的表面。每次涂抹都要将刮刀清洁一下，避免颜色混合得太过。

3. 蛋糕表面抹平后，用无纺布轻轻打磨蛋糕表面。不过你应该在蛋糕上留下一些粗糙的部分。

4. 将可可粉和可可脂或植物起酥油混合，制作出“可可颜料”。通过增减可可粉的量调出适合的颜色。

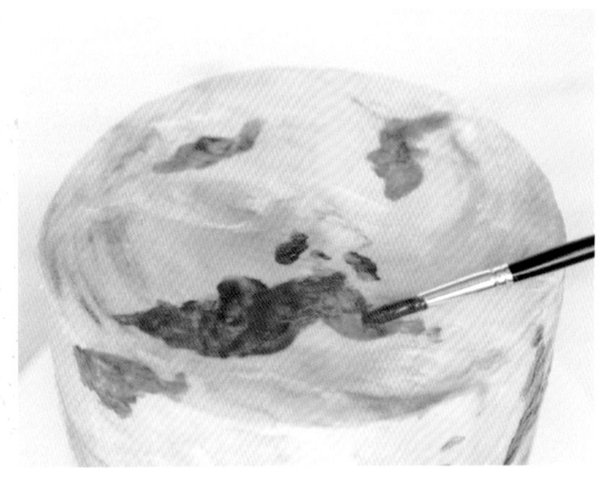

5. 用圆头刷在蛋糕上随意抹出一些不规则的烟熏般的色块，使其看起来有做旧的效果。

6. 用牙签在蛋糕上标出海浪的位置。

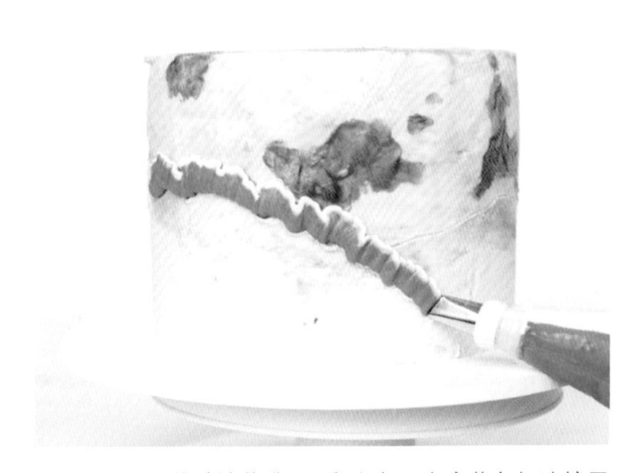

7. 用惠尔通花瓣裱花嘴104和白色、中度蓝色奶油糖霜裱出海浪花边（参考“浪漫蕾丝蛋糕”中的“制作双色效果”部分），裱花嘴较宽的一端靠近蛋糕表面，较窄的一端朝外，大约呈20度角。

8. 均匀施力并慢慢上下移动裱花袋，沿着你画的标准线拖出海浪。然后将圆角正方形刷子尖端蘸水，将海浪褶皱的下边缘用刷子扫一下。

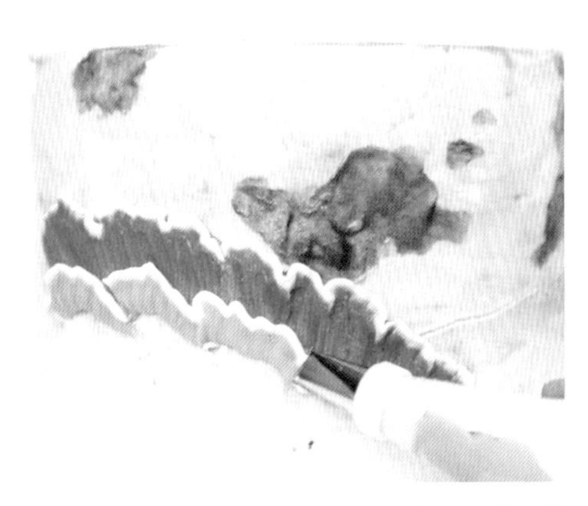

9. 重复以上步骤，沿着你的基准线在第一条海浪的下面用两种深度的蓝色裱出其他条海浪，一直到蛋糕底座。

10. 在底座跟海浪之间撒上饼干碎。你可以用抹刀顶端将饼干碎在狭窄的地方铺平。

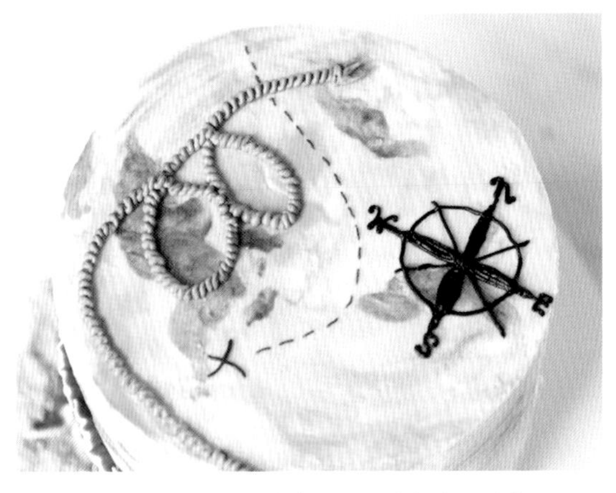

11. 将裱花袋顶端剪一个小孔，以浅褐色奶油糖霜用画圈的方式做出“S”形的缠绕的麻绳图案。用有洞的裱花袋和褐色奶油糖霜画出地图标记，用红色奶油糖霜裱出“X”，再用黑色糖霜画出指南针图案。

12. 将裱花袋顶端剪一个中等大小的孔，裱出15~20个贝壳（参照“小贴士”部分）。将尖端接触表面，均匀施力，然后画圈移动，使贝壳慢慢变大。

小贴士

在制作贝壳时，你也可以使用惠尔通2号或3号书写裱花嘴，或者是小型星形裱花嘴，比如惠尔通14或16。你也可以将贝壳做成你希望的大小。你甚至可以提前做好贝壳冷藏起来，因为直接在饼干碎上裱出贝壳还是有一定的难度的。

乡村之窗

想象一下你正身处一间乡村小屋，周围是一个美丽的花园，有美丽的风景和牧场，远处是一片绿色。这种经历造就了这个蛋糕，最终的成品将带给你安静和祥和。

你需要准备

- 20厘米×20厘米方形蛋糕，10厘米高
- 1千克浅奶油色奶油糖霜
- 100~150克白色奶油糖霜
- 700~800克中度焦糖色奶油糖霜
- 300~400克浅焦糖色奶油糖霜
- 100~150克深黄色奶油糖霜
- 100~150克蓝色奶油糖霜
- 100~150克浅绿色奶油糖霜
- 100~150克中度绿色奶油糖霜
- 100~150克深绿色奶油糖霜
- 100~150克浅粉色奶油糖霜
- 100~150克深粉色奶油糖霜
- 100~150克灰色奶油糖霜
- 100~150克黑色奶油糖霜
- 100~150克浅褐色奶油糖霜
- 100~150克深褐色奶油糖霜
- 钢笔或铅笔
- 烘焙用纸
- 剪刀
- 锯齿刀
- 裱花袋
- 调色刀
- 刮板
- 无纺布
- 砖形印花模板
- 圆角正方形刷子
- 调色板
- 1小碗水
- 牙签
- 惠尔通小号星形裱花嘴14
- 惠尔通花瓣裱花嘴103
- 惠尔通篮子裱花嘴47

1. 用烘焙用纸剪出一个15厘米宽，20厘米长的窗户的纸样，将顶部做成一个圆弧拱形。将这个纸样放置在蛋糕表面，用锯齿刀沿着它切割蛋糕。将切下的多余蛋糕放在“窗户”形状的底部，将“窗户”加长。将蛋糕表面切割平整（我发现我们需要将蛋糕整体照原样抹面）。

2. 将蛋糕进行预抹面（参照“奶油霜蛋糕基础”部分），然后用白色奶油糖霜给蛋糕上表面正式抹面，用中度焦糖色奶油糖霜给蛋糕侧面抹面。在蛋糕侧面用抹刀以画圈的方式随意抹上一些深黄色奶油糖霜。

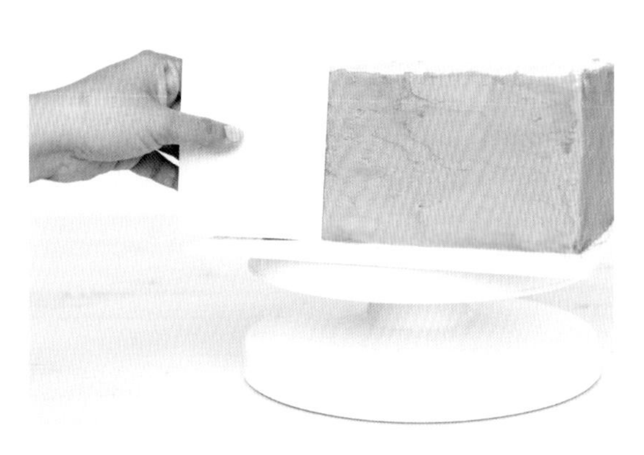

3. 之后，用刮板将颜色刮得更均匀一些。从各个方向将蛋糕表面刮一遍（从右到左，从左到右）。

4. 在蛋糕上表面随意抹上小团蓝色奶油糖霜，以画圈的方式将其在背景上涂抹均匀，营造出蓝天白云的效果。接下来，用刮板从每个方向轻刮，在用无纺布小心打磨光滑（参照“奶油霜蛋糕基础”部分）。

5. 在蛋糕侧面均匀施力按压砖形印花模板，可以在模具内用刷子涂抹一些掺水的秋天叶子颜色的食用色素，打造出老旧风化的效果。但刷子不要蘸太多水。

6. 用惠尔通篮子裱花嘴47和浅焦糖色奶油糖霜沿着蛋糕上表面的边缘勾边，裱花嘴较顺滑的一段朝外，一共裱三层，层层相叠，制作出窗框。

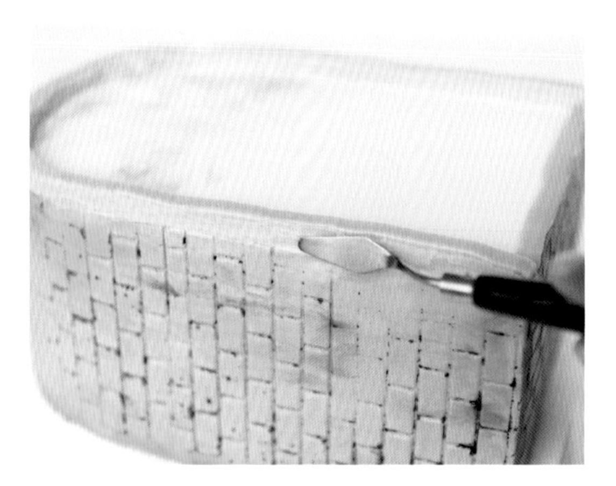

7. 用小号调色刀将两种颜色相接的地方抹平。

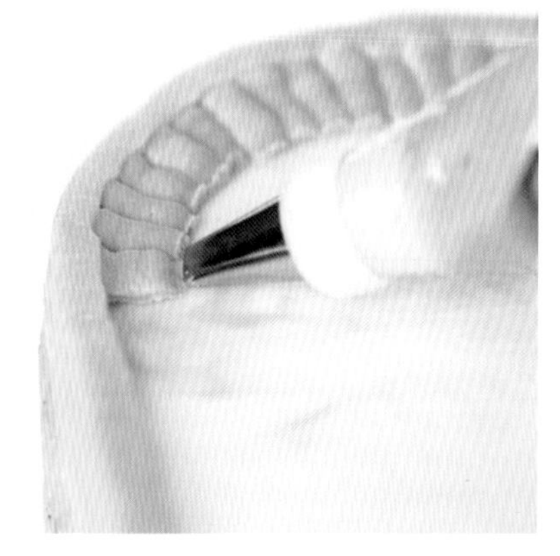

8. 用同样的裱花嘴和颜色沿着窗框裱出2.5厘米长的长条，在窗框的底部多裱出两行长条，与下面蛋糕侧边的砖形图案越过边缘相连。

9. 用浅焦糖色奶油糖霜裱出一半的地平线和一条小路，然后用一把潮湿的小刷子轻轻拍打制作出油画笔触。

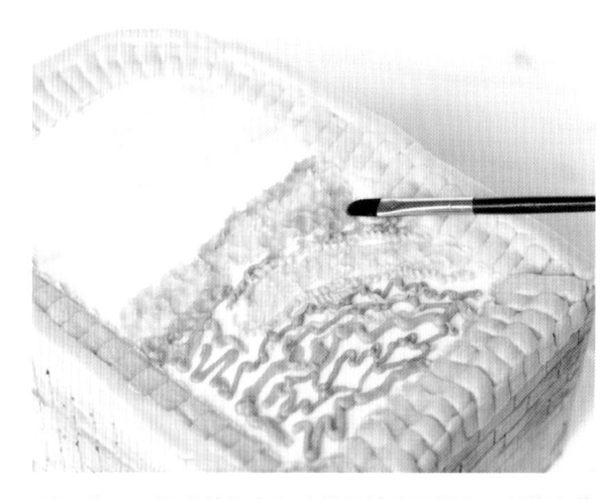

10. 将不同深浅的绿色奶油糖霜裱在蛋糕上，制作出牧场效果，不要将奶油糖霜挤得过厚。重复轻拍的过程，将颜色混合均匀。

11. 用蓝色内有糖霜在风景中加入一些小湖泊，再加入一些绿色阴影。你还可以加上一些山丘和树木，可以用刷子处理一下，也可以就这样保留初始裱上去的样子。

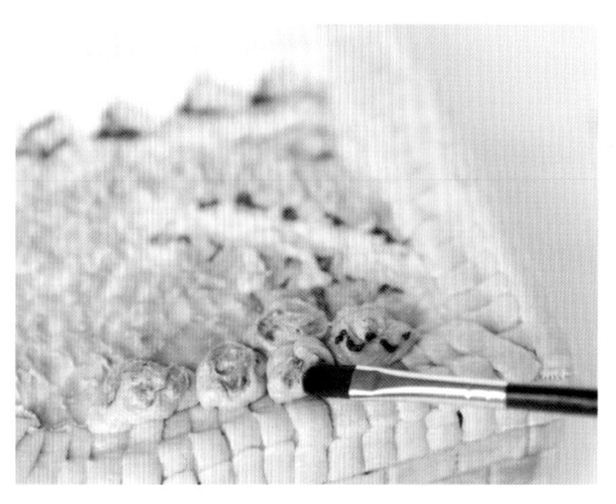

12. 在窗子底部裱上几团灰色的奶油糖霜当作石头，然后在其表面加上一些黑色的条纹，用刷子轻轻混合。

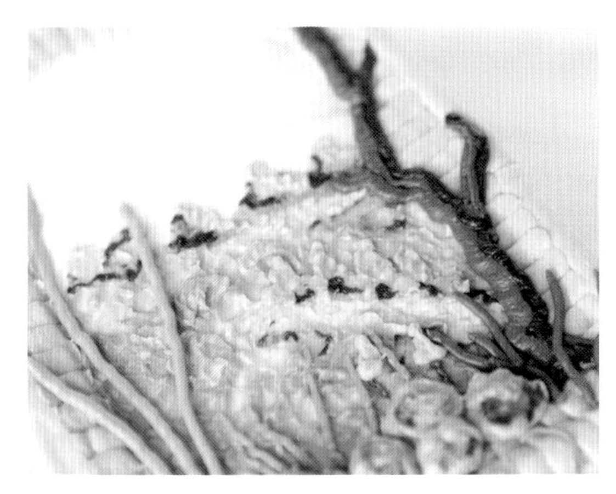

13. 用不同深浅的绿色裱出一些茎和枝叶，再用浅色和深色的褐色裱出树干树枝。

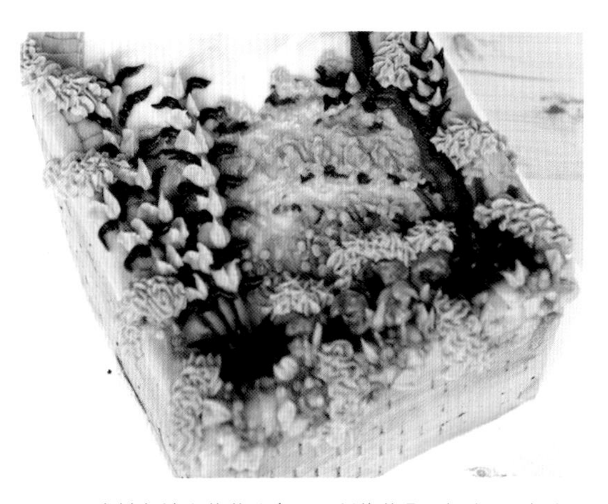

14. 用浅粉色裱出花苞（参照“制作花朵”部分），然后用浅粉和深粉画一些圆点。用中度绿色和小号星形裱花嘴14裱出叶子。对于那些小一些的叶子，在裱花袋顶端剪一个稍大的口，用两种深浅不一的绿色裱出钉子形状和波浪形状。

丝带玫瑰心

正如它的名字所示，这些玫瑰是由奶油糖霜制成的丝带组成的，而且它们的制作非常简单，却给人深刻的印象。这款蛋糕首先要以一个纯白的背景为画布，只需要一些高雅的装饰，就能将这款蛋糕提升到一个不同的典雅的层次。你可以随着你的喜好装饰这些玫瑰，在这一节我们将它装饰为心形，打造出传统的浪漫造型。

你需要准备

- 直径15厘米圆形蛋糕，10厘米高
- 600~750克白色奶油糖霜
- 200~300克粉色奶油糖霜
- 200~300克红色奶油糖霜
- 烘焙用纸
- 剪刀
- 裱花钉
- 惠尔通花瓣裱花嘴103
- 裱花袋
- 牙签
- 刮板
- 蛋糕板或托盘
- 镊子
- 糖珠

1. 剪一小块方形的烘焙用纸，在裱花钉上挤一小团奶油糖霜，将方形烘焙用纸粘在裱花钉上。

2. 手持裱花袋，用惠尔通花瓣裱花嘴103和红色奶油糖霜制作玫瑰花。制作时花嘴要直立，较宽的一端与裱花钉接触，持续施力并转动裱花钉。

小贴士

丝带玫瑰很小，只需要很少量奶油糖霜就能制作，所以它们很容易熔化，尤其是在你把它们往蛋糕上装饰，用手指接触到它们时。一旦它们开始软化，只需要放入冰箱即可。蛋糕抹面时要使用新鲜的奶油，这样玫瑰就能更好地黏附，还要用牙签轻按，使它们粘得更牢。

3. 用剪刀将做好的丝带玫瑰移到托盘或板子上，然后将它们放入冰箱几分钟使其固化。用红色和粉色奶油糖霜做出40~50朵玫瑰。

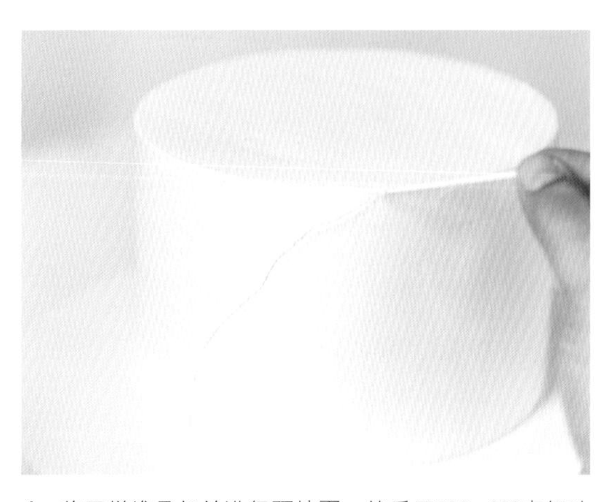

4. 将蛋糕堆叠好并进行预抹面，然后用500~600克奶油糖霜抹面并打磨光滑（参照“奶油霜蛋糕基础”部分）。剩余的白色奶油糖霜留待步骤5~9备用。用牙签在蛋糕表面画出你设计的大致轮廓。

5. 在你想要粘上玫瑰的区域再抹上一层白色奶油糖霜。

6. 将冷藏好的玫瑰迅速放置在相应位置，粘在蛋糕表面。做这一步的时候不要用手直接接触，这样它们就不会很快熔化。要用牙签刺着两边然后按压在蛋糕表面。

7. 从造型的任意一边开始，向中间进行装饰。红色玫瑰跟粉色玫瑰要交替变换装饰。

8. 重复同样的步骤，沿着你画出的轮廓在蛋糕顶部进行玫瑰装饰。

9. 在裱花袋中装入白色奶油糖霜，然后在裱花袋顶部开一个小孔，用其在玫瑰之间的缝隙中挤入奶油糖霜。

10. 最后用镊子将小糖珠粘在缝隙中。

浪漫蕾丝蛋糕

在白色的背景上裱出雅致的蕾丝，制作出高雅、浪漫的设计。你可以依照自己的想法把蕾丝花纹做得更紧凑或更稀疏。事实上，变换蕾丝的密度会使整个设计更加引人注目，在蛋糕表面制作出明暗的层次变化。最后在蛋糕上添加一些花朵，完成一个令人印象深刻的作品。

你需要准备

- 15厘米×15厘米的方形蛋糕，20厘米高
- 1千克白色奶油糖霜
- 300~400克黑色奶油糖霜
- 200~300克绿色奶油糖霜
- 200~300克橙色奶油糖霜
- 200~300克紫色奶油糖霜
- 200~300克黄色奶油糖霜
- 刮板
- 惠尔通书写裱花嘴1号
- 惠尔通叶子裱花嘴352
- 惠尔通花瓣裱花嘴104
- 裱花袋
- 剪刀

1. 堆叠蛋糕并预抹面，然后用白色奶油糖霜正式抹面，打造出一个光滑的表面（参照“奶油霜蛋糕基础”部分）。用装有惠尔通书写裱花嘴1号的裱花袋在蛋糕上随意裱出一些不规则的波浪线。

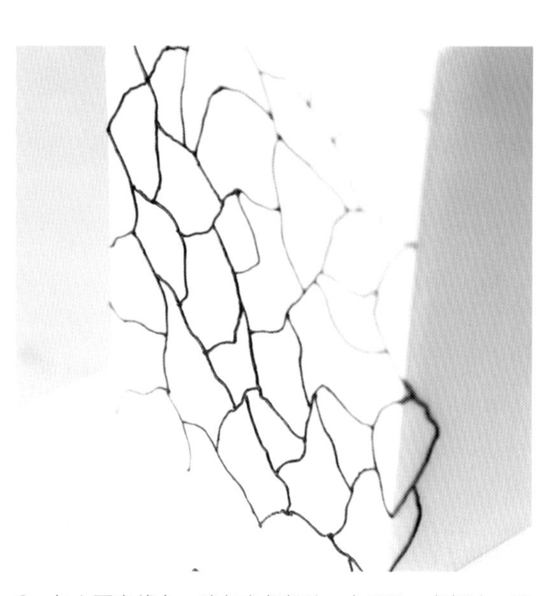

2. 加上更多线条，确保它们都从一点跟另一点相连。重复这一步骤，直到整个蛋糕都裱满黑色蕾丝效果的线。

小贴士

确保裱花嘴的表面要一直与蛋糕相接触，裱纹路的过程中不要提起裱花嘴，否则线条有可能断掉或卷曲。如果发生了这种情况，首先尝试将断口处作为一个新的起点，进行修补。如果由于线条卷曲无法这样修补，就在它周围再裱上短一些的线，使它看起来没有那么明显。

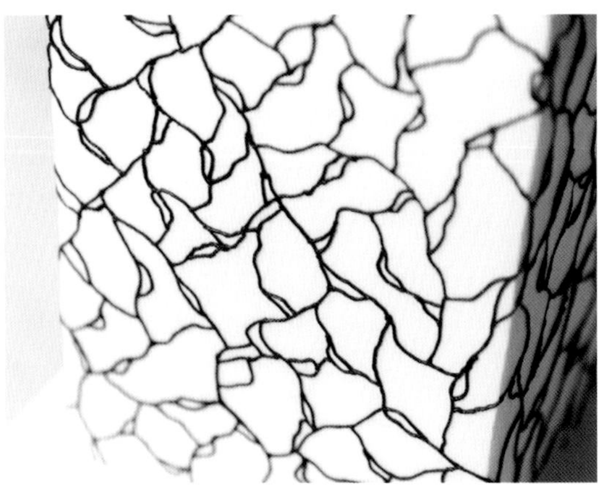

3. 随意裱上一些短的波浪线，但是依然要同蕾丝网相连，使花纹看起来更夺人眼球。

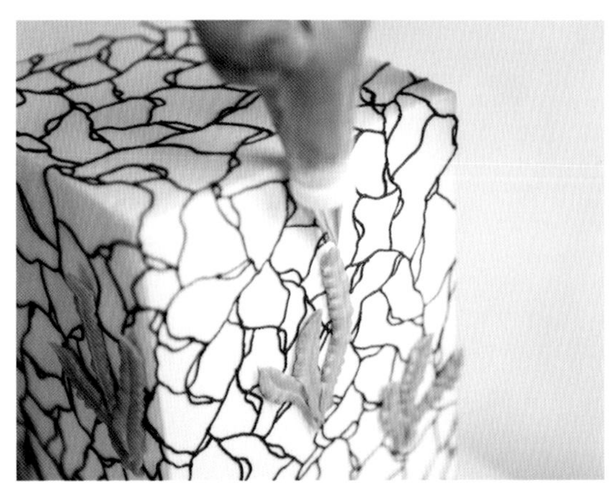

4. 确定你想裱花的位置。用绿色奶油糖霜和惠尔通叶子裱花嘴352裱出长长的波浪形叶子。

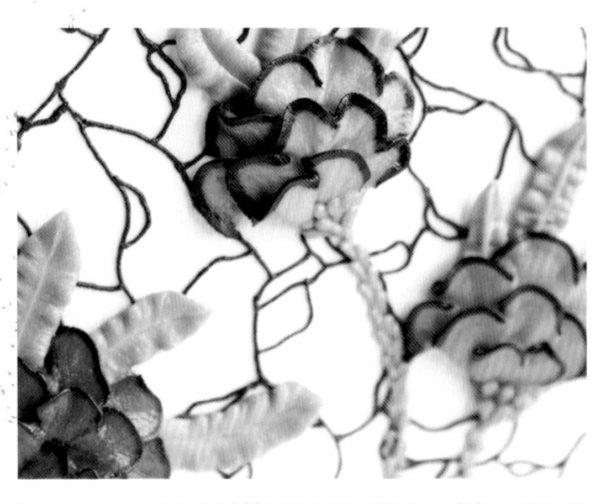

5. 接下来用双色奶油糖霜效果裱出花朵（参照“制作双色效果”部分）。

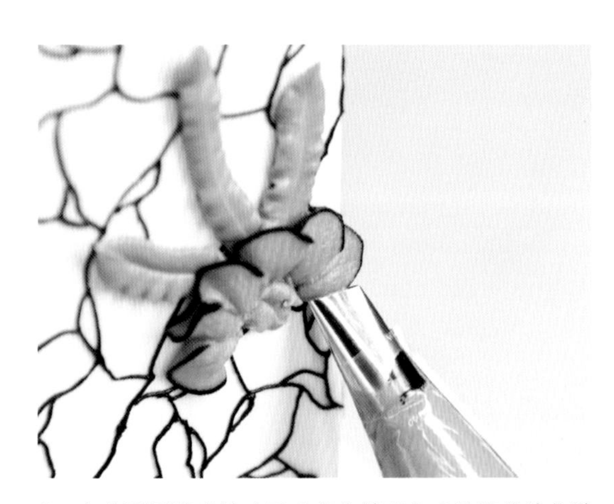

6. 在你刚刚裱出的叶子底部先裱出4~5朵简单的花瓣（参照“制作花朵”部分），形成半圆状。

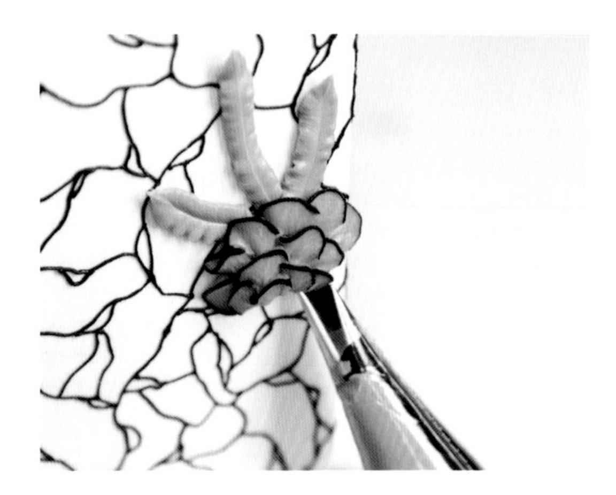

7. 在第一层花瓣下面再裱上2~3层花瓣，花瓣的数量要逐层递减。用其他颜色再多裱出一些花瓣。

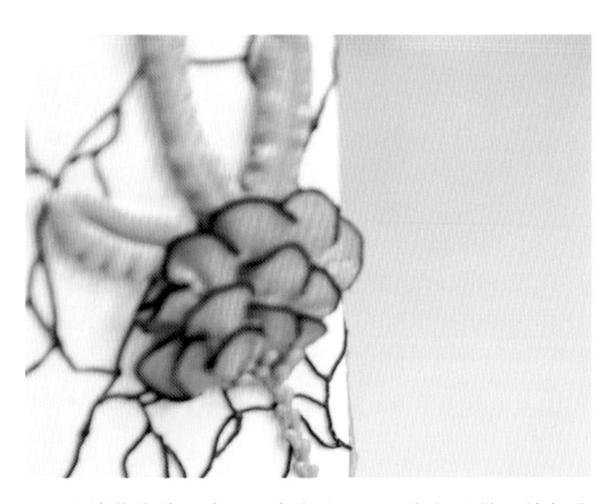

8. 在裱花袋的顶端开一个小孔，用绿色奶油糖霜给每朵花裱出花萼和花径。花径是将小号泪滴状的奶油糖霜呈“V”形排列制作成的。

制作双色效果

a

在两个裱花袋中分别装入你选择的两种颜色。在第三个空的裱花袋中安装上惠尔通花瓣裱花嘴104。将两个满的裱花袋的顶端开一个孔，但是想要做出“条纹效果”颜色的裱花袋的孔要比主颜色裱花袋的孔小。

b

用选择的颜色在空的裱花袋中裱出一条长条，使其靠近裱花嘴较宽的一端。

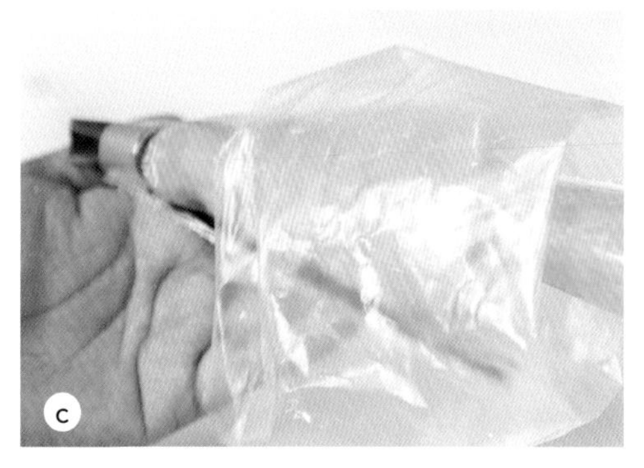

c

另一种主颜色的裱花带需要开一个大一些的孔。将这种颜色挤在长条条纹的上方，装满空的裱花袋。

d

挤压第三个裱花袋，直到呈现出你想要的双色效果。如果你希望条纹边大一些或者小一些，只需要换掉裱花嘴即可。

花球蛋糕

花朵可以帮人表达爱意，而玫瑰则是当之无愧的用于倾吐感情的利器。你会如何布置一篮鲜花使其最好地传达你的心意？想象一下，你送出这个精美的花球蛋糕，加上你的手写祝福——这将是一件多么暖心的礼物啊。

你需要准备

- 2个直径15厘米的半球形蛋糕
- 500~600克未染色的奶油糖霜
- 200~300克焦糖色奶油糖霜
- 100~200克浅褐色奶油糖霜
- 100~200克深褐色奶油糖霜
- 300~400克紫红色奶油糖霜
- 300~400克深紫红色奶油糖霜
- 300~400克深粉色奶油糖霜
- 300~400克粉色奶油糖霜
- 100~200克绿色奶油糖霜
- 直径15厘米，5厘米厚的圆形泡沫乙烯板
- 直径20厘米，2.5厘米厚的圆形泡沫乙烯板
- 裱花钉
- 烘焙用纸
- 惠尔通花瓣裱花嘴104
- 惠尔通花瓣裱花嘴103
- 裱花袋
- 礼品包装纸
- 食品接触纸或背面有黏性的塑料
- 剪刀
- 可食用胶水
- 固定销
- 配色丝带
- 牙签

1. 用紫红色、深紫红色、粉色、深粉色和未染色的奶油糖霜提前裱出一些小号玫瑰或丝带花作为备用（参照“奶油霜蛋糕基础”部分）。裱玫瑰使用惠尔通花瓣裱花嘴104，裱丝带花使用惠尔通花瓣裱花嘴103，一些双色玫瑰的制作可参照在“浪漫蕾丝蛋糕”中介绍过的双色效果的技巧。

2. 将包装纸剪成适合的大小，用可食用胶水分别粘在两块泡沫乙烯板上，然后蒙上食品接触纸或背面有黏性的塑料。在侧面缠上相适应的丝带，然后将两块板粘在一起。

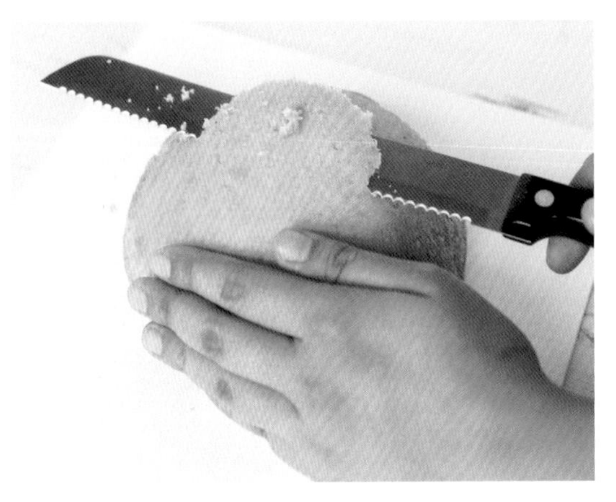

3. 在堆叠和预抹面之前，将一个半球形蛋糕的顶端削掉一块，这样蛋糕就能平稳地放置在底座上。在横切面上涂一小层奶油糖霜，使蛋糕粘在底座上。

4. 在两块球形蛋糕之间抹上奶油糖霜夹层，然后进行抹面得到蛋糕球（参照“奶油霜蛋糕基础”部分）。将蛋糕球放置在泡沫乙烯底座的中间位置，将一根长的固定销直插到底部，来给蛋糕加固。

5. 用褐色、浅褐色和栗子色奶油糖霜裱出篮子花纹。在裱花袋的顶端开一个中等大小的孔。然后交叠裱出两条线段，沿着蛋糕组成一行行的“V”形花纹。将蛋糕装饰到超过二分之一的位置，要注意每行花纹之间不能留有缝隙。

6. 在把玫瑰和丝带花放置到蛋糕上之前，要先在蛋糕表面挤上一团新鲜的奶油糖霜，然后将花朵稳稳地压上去。这是为了使它们能更好地粘在蛋糕上，尤其是当它们被粘在有弧度的面上时，避免它们滑下来。

小贴士

玫瑰和其他类似的花朵，由于制作的时候会使用比较多的奶油糖霜，因此它们会比较重，基于这种情况，这些花朵在放置的时候需要有一定的角度支撑。我们制作的这款蛋糕是一个球形蛋糕，没有支撑用的角，所以最好在粘玫瑰和丝带花的时候，将它们放置在球形中纬线以上，这样它们就不会轻易滑下来。

7. 在冷藏好的花朵两边各插入一根牙签，用来固定住花朵，再小心按压到奶油糖霜团上，使它们粘得更牢。

8. 因为蛋糕比较小，面积有限，我们又要将花朵在上面组合好，不能留下缝隙，所以要在蛋糕上裱上引导线，规定好剩余花朵的大小。大丽花要直接裱在蛋糕上，用惠尔通花瓣裱花嘴104和2种深浅不一的紫色，沿着引导线裱出短钉状的花瓣。

9. 制作剩余的花朵，完成一层再做另一层，直到盖满花球的顶端。

10. 在裱花袋上开一个小孔，裱出几簇绿色奶油糖霜团，像一些大一点的圆点，代表花芽。然后用顶部开了更小的孔的裱花袋在每个绿色“花芽”顶端挤一些白色奶油糖霜，挤满顶端整个表面。

11. 在花球上用白色奶油糖霜随意裱几簇小圆点，制作出精致的满天星的效果。

秋日花环

这款秋日花环蛋糕看起来逼真原始，很夺人眼球。这些高低不平的树枝缠绕在一起强调了其他装饰物的自然之美：分散的黄色、橘色和红色花朵，跟松果、浆果和叶子等自然元素组合在一起，展示出了满满的收获。这是一款非常适用于迎接秋天的蛋糕！

你需要准备

- 直径25厘米的圆形蛋糕，10厘米高
- 1千克浅褐色奶油糖霜
- 200~300克焦糖色奶油糖霜
- 300克中度褐色奶油糖霜
- 500克深褐色奶油糖霜
- 100~200克绿色奶油糖霜
- 100~200克红色奶油糖霜
- 250克奶油色奶油糖霜
- 250克深黄色奶油糖霜
- 250克深橙黄色奶油糖霜
- 250克橙黄色奶油糖霜
- 惠尔通花瓣裱花嘴102
- 惠尔通花瓣裱花嘴104
- 惠尔通花瓣裱花嘴352
- 惠尔通叶子裱花嘴74
- 惠尔通书写裱花嘴5号
- 裱花袋
- 烘焙用纸
- 剪刀
- 钢笔或铅笔
- 锯齿刀
- 面包条或粗的饼干条
- 牙签

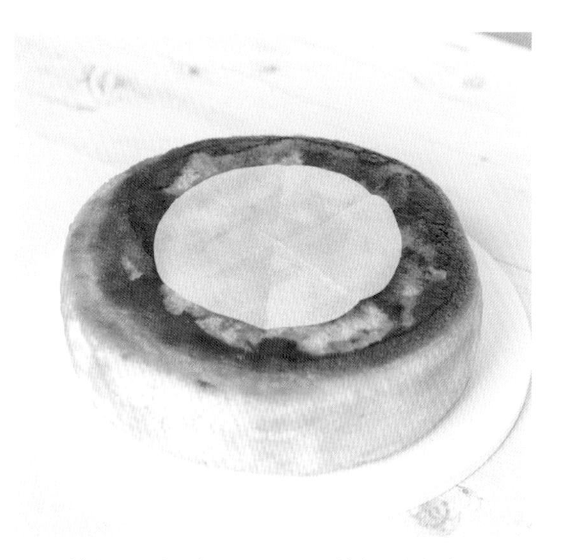

1. 用烘焙用纸做一个圆，要比蛋糕的实际直径小2.5~5厘米，作为蛋糕整形的参照。

2. 用锯齿刀沿着参照的纸垂直切下，将手指放到蛋糕底部，轻轻将中间的蛋糕推出。

小贴士

对于中间切出的多余蛋糕，你可以将其装饰为一个小型蛋糕，与主蛋糕相搭配，也可以做成棒棒糖蛋糕。而关于这个蛋糕中的松果装饰，如果你觉得在面包条上进行裱花有难度，可以采取裱制玫瑰的方法，在放置在蛋糕上之前先提前做好并冷藏固化。

3. 将蛋糕的边缘修剪一下，使它更圆滑。用浅褐色奶油糖霜给蛋糕预抹面（参照“奶油霜蛋糕基础”部分）。

4. 把3种深浅不一的褐色奶油糖霜装入不同的裱花袋中，在裱花袋顶端剪一个中等大小的孔，或者安装惠尔通书写裱花嘴5号。

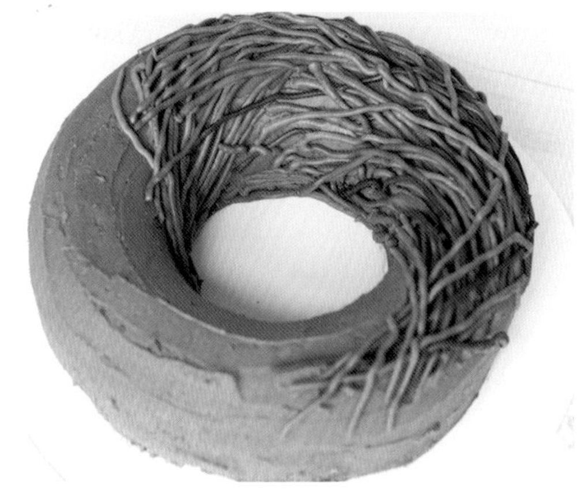

5. 从花环的内部开始裱树枝，斜着跨过蛋糕上表面，一直裱到蛋糕外缘。多使用一些最浅的褐色奶油糖霜，间或夹杂一些另外两种褐色的奶油糖霜。裱树枝的时候要一部分一部分的裱，不要一次性将整个蛋糕都裱满一种颜色。

6. 在面包条上用惠尔通花瓣裱花嘴102和深褐色奶油糖霜，像裱玫瑰那样制作松果（参照“制作花朵”部分），但在制作的时候要把每个“花瓣”做得短一些。如果你觉得这一步比较难，可以像制作玫瑰一样，将松果冷藏。

7. 多裱几层“花瓣”，使松果看起来圆一些。

8. 将每一个松果插到蛋糕相应的位置上，你可以用牙签辅助将面包条插入。

9. 决定好打算裱花的位置，在那里裱上成团的纯奶油糖霜作为底座，并给接下来要制作的花提供一个比较好的角度。

10. 按照下面的顺序进行裱花：用惠尔通花瓣裱花嘴104和奶油色奶油糖霜裱出山茶花（参照褶皱造型花花型4和5），黄色和绿色奶油糖霜制作花心；然后使用惠尔通叶子裱花嘴74制作橙黄色和深橙黄色的花，最后用惠尔通花瓣裱花嘴352和深黄色、深棕色的奶油糖霜制作向日葵（参照“制作花朵”部分）。

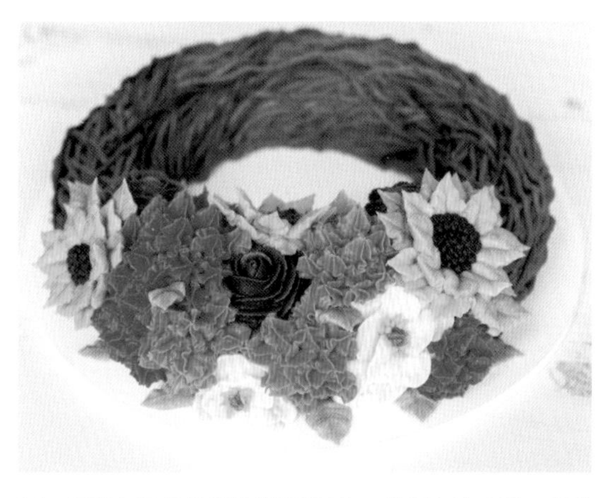

11. 用惠尔通花瓣裱花嘴352制作一些绿色的叶子，要确保花朵之间没有留下明显的大缝隙。

12. 在裱花袋的顶端开一个小孔，用深褐色的奶油糖霜裱出莓果的茎，再用惠尔通书写裱花嘴5号和红色的奶油糖霜裱出莓果。如果莓果上留下了不平滑的小角，只需要静置等到奶油糖霜干燥之后，用手指轻轻将角按下去即可。

多肉景观蛋糕

在这款蛋糕中，我们使用了一个玻璃球形容器，不是为了容纳一些小型植物，而是为了装下巧克力蛋糕——小点心、开心果和美味的奶油糖霜被小心地摆放在这个玻璃器皿中。这款蛋糕不仅有一个不寻常的设计，而且它还非常美味。

你需要准备

- 25厘米的圆形或方形蛋糕，10厘米高
- 400~500克巧克力奶油糖霜
- 100~200克浅绿色奶油糖霜
- 100~200克中度绿色奶油糖霜
- 惠尔通裱花嘴150号
- 惠尔通花瓣裱花嘴104
- 惠尔通开口星形裱花嘴6B
- 裱花袋
- 裱花钉
- 烘焙用纸
- 剪刀
- 消化饼
- 苔藓绿和叶子绿的可食用闪粉
- 可重复使用的食品密封塑料袋
- 开心果
- 球形玻璃容器
- 托盘或蛋糕板
- 勺子

1. 提前用浅绿色和中度绿色的奶油糖霜制作5~6个多肉植物，并放入冰箱冷藏。多肉植物可以制成玫瑰形状和长钉子形状（参照“制作花朵”部分）。

2. 将饼干弄碎成合适的大小，将饼干碎装到食品密封袋中，加入适量苔藓绿和叶子绿的可食用闪粉，密封之后摇匀，注意颜色要均匀。

小贴士

如果你找不到合适的球形玻璃容器，可以用透明的玻璃蛋糕台和半球形玻璃罩替代。然后用一把绑着美丽的丝带的大勺子、叉子、食品夹，甚至小号糖果铲来夹取食品。

3. 将开心果仁弄碎成小颗粒。

4. 切下四分之一的蛋糕，掰成小块。将它们两两摩擦，弄成碎屑，下方放置一个碗，将碎屑收集起来。

5. 将剩余的蛋糕切成一口大小的小方块。

6. 在小方块蛋糕的两个面或所有面上涂上薄薄一层巧克力奶油糖霜，然后将它们放到盛有饼干碎的碗中滚一圈，将所有小方块蛋糕都这样处理。

7. 将加工好的小方块蛋糕码在一块板子上，上面盖上保鲜膜留待后面使用。这里我们只做了两面饼干碎，如果你喜欢的话，可以把蛋糕的每个面都裹上饼干碎。

8. 将蛋糕碎和饼干碎装入球形玻璃容器，然后用勺子将它们混合均匀。

9. 将小方块蛋糕无序地放入玻璃容器。

10. 撒上开心果碎。我们在这里选择开心果，是因为它的颜色与饼干碎的苔藓绿色相搭配，你也可以根据自己的喜好换成其他坚果。你还可以使用巧克力碎，使其看起来像小石头或小岩石。

11. 最后，将冷藏好的多肉植物放进玻璃容器，整理整体造型。

有魔力的林中花束

这是我们对乡村树木蛋糕的现代诠释。它与传统的巧克力瑞士卷天差地别！我们用逼真的深色树皮纹路制作出了一段木桩，然后在上面标上了各种温婉的花朵。我们认为这种对比突出了这两种元素的形象。

你需要准备

- 20厘米×20厘米的方形蛋糕，10厘米高
- 400~500克褐色奶油糖霜
- 100~200克深褐色奶油糖霜
- 100~200克白色奶油糖霜
- 100~200克深黄色奶油糖霜
- 100~200克浅黄色奶油糖霜
- 100~200克浅紫色奶油糖霜
- 100~200克淡绿色奶油糖霜
- 100~200克深绿色奶油糖霜
- 烘焙用纸
- 铅笔
- 剪刀
- 锯齿刀
- 裱花袋
- 调色刀
- 小号尖头调色刀
- 惠尔通花瓣裱花嘴104
- 惠尔通叶子裱花嘴352
- 惠尔通菊花裱花嘴81
- 圆形饼干模具（选用）

1. 事先用惠尔通花瓣裱花嘴104制作3朵白色玫瑰和4朵黄色玫瑰，放入冰箱中冷藏（参照“制作花朵”部分）。然后将蛋糕从中间平均切开，堆叠两块蛋糕，把一块放到另一块上面，并抹上奶油。

2. 将一张烘焙用纸剪成圆形，直径与蛋糕宽度一样，然后制作另一张圆形烘焙用纸，在蛋糕两端各粘一张。用锯齿刀将蛋糕的顶端切掉，使其上端与烘焙用纸的上端平齐。

小贴士

你可以将切下来的边角料用奶油糖霜与抹面后的蛋糕粘在一起，这种组合在需要将木桩上的花朵的位置提高，做出层次时，能够派上用场。

3. 沿着两端的圆形烘焙用纸，将蛋糕胚修成木桩的形状。

4. 除了两端，将蛋糕所有部分涂满褐色奶油糖霜，用调色刀水平抹开，笔触要短。

5. 用调色刀抹上几团深褐色奶油糖霜，然后以画圈的方式抹开。再用同样的方式抹上一点黄色奶油糖霜。

6. 用小号尖头调色刀重复水平抹开的步骤，制作出逼真的树皮质感。

7. 添加上小团白色奶油糖霜，重复水平抹开，笔触短一些。

8. 揭下两端的烘焙用纸，抹上深黄色奶油糖霜，然后抹上小团深褐色奶油糖霜，用之前的技巧抹匀。

9. 在蛋糕顶部挤上一些奶油糖霜，将冷藏好的玫瑰粘好。

10. 用惠尔通菊花裱花嘴81在蛋糕上直接裱出菊花，选用浅紫色奶油糖霜和白色、浅绿色的奶油糖霜（参照“迷人的黑板蛋糕”步骤8），填补玫瑰之间的空隙。

11. 用惠尔通叶子裱花嘴352和深绿色奶油糖霜在花朵之间裱出叶子。

小贴士

用圆形饼干模或者刀子将多余的蛋糕切出一个圆形，作为树桩的一片，然后以文中介绍的技巧装饰好之后，作为造型的一部分。

复古鸟笼蛋糕

对于一些喜欢收藏独特古董的收藏家来说，复古鸟笼一直是他们找寻的最爱。它的形状非常适合制成半球形的单层蛋糕，而且可以不断在上面装饰卷曲的花纹、花朵，甚至加上一只鸟，来制作出令人惊奇的蛋糕艺术品。使用合适的元素，配合蛋糕的图案和颜色，使鸟笼蛋糕成为真正的艺术杰作。

你需要准备

- 直径15厘米的圆形蛋糕，13厘米高
- 1个直径15厘米的半球形蛋糕
- 2块直径15厘米的圆形蛋糕板
- 直径20厘米的圆形蛋糕板
- 800~900克纯奶油糖霜
- 500~600克未染色的奶油糖霜
- 200~300克栗子色奶油糖霜
- 200~300克紫丁香色奶油糖霜
- 200~300克紫色奶油糖霜
- 200~300克桃粉色奶油糖霜
- 200~300克浅绿色奶油糖霜
- 固定销
- 烘焙用纸
- 剪刀
- 刮板
- 细线
- 裱花袋
- 惠尔通小号星形裱花嘴16
- 惠尔通花瓣裱花嘴103
- 惠尔通花瓣裱花嘴104
- 惠尔通叶子裱花嘴352
- 钢笔或铅笔
- 可食用胶水
- 裱花钉

1. 将蛋糕组装起来，在第二、三层之间放上蛋糕板，再用一根固定销穿过中间（参照“奶油霜蛋糕基础”部分）。你需要在堆叠蛋糕之前将蛋糕板粘在一起，并在中间开一个洞，这样就能够很简单地插入固定销。

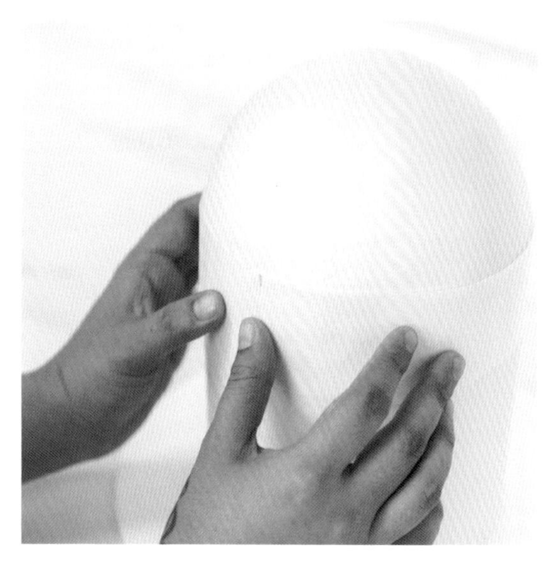

2. 给蛋糕抹面并打磨光滑（参照“奶油霜蛋糕基础”部分），然后剪下一条烘焙用纸，环绕蛋糕测量出蛋糕的周长。

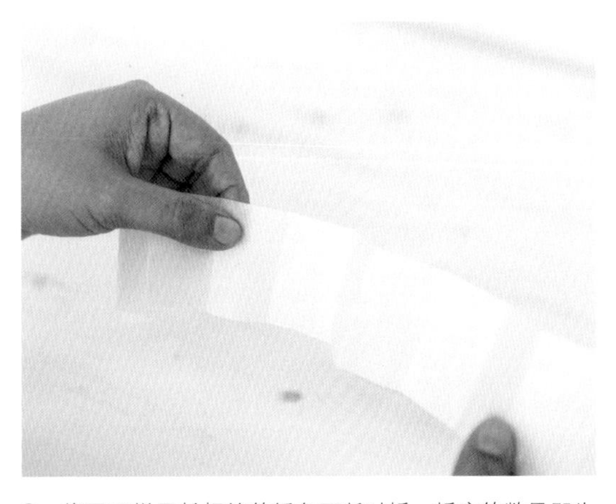

3. 将同蛋糕周长相等的纸条不断对折，折痕的数量即为你想在蛋糕上做出的鸟笼木条数，折痕之间的空隙要看起来差不多宽，或者你也可以测量出纸条的长度然后将它等分。然后沿着折痕剪出两片烘焙用纸，作为测量用的准绳。

4. 用尺子或是刮板标记出蛋糕侧面直线部分的一条全长度的垂直线，以纸片为基准，沿着蛋糕顶部和底部用牙签标记出鸟笼木条的位置。再用尺子或刮板把上下的标记连成直线。

5. 剪一小片大约2.5厘米高的纸片，用它来测量并标记出卷曲花纹的位置。

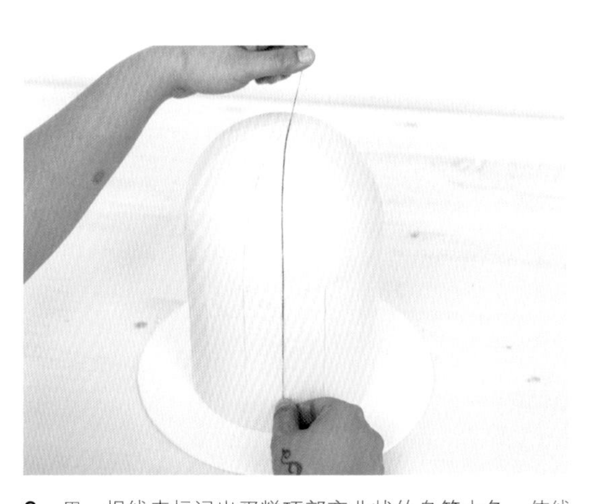

6. 用一根线来标记出蛋糕顶部弯曲状的鸟笼木条。使线与下部蛋糕侧边，已画出的垂直线条相重合，然后小心的将线向蛋糕顶部的中心压去。重复这一步骤画出所有线条。

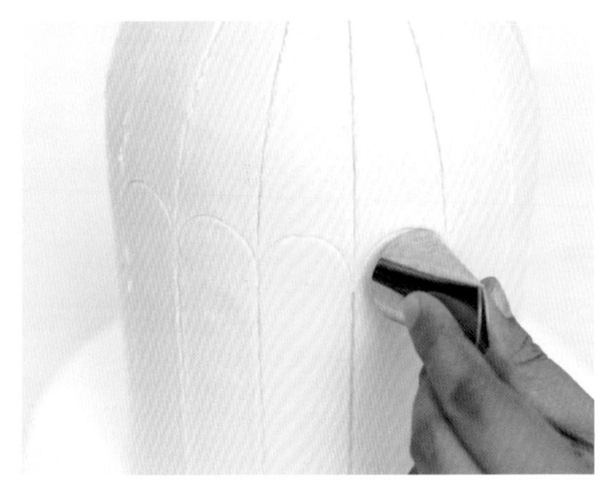

7. 用一个大号花嘴的开口或小号的圆形饼干模来标记出卷曲花纹的位置。注意只需要标记出上半个半圆形即可。

8. 在裱花袋顶端剪一个小孔，加入栗子色奶油糖霜，沿着画出的基准线裱出小的贝壳串（参照“裱花样式”部分）。

9. 用惠尔通小号星形裱花嘴16和栗子色奶油糖霜在蛋糕侧边顶部裱出卷曲花纹（a），再沿着蛋糕底部裱出环状花纹（b）。

10. 用惠尔通小号星形裱花嘴16和栗子色奶油糖霜在蛋糕顶部中心位置裱出螺旋状的锥形。

11. 用紫丁香色和紫色奶油糖霜裱出一些大小不一的玫瑰（参照“制作花朵”部分），并冷藏固化。用奶油糖霜将玫瑰粘在蛋糕顶部，然后用桃粉色奶油糖霜和惠尔通花瓣裱花嘴103在蛋糕上裱出褶皱花（参照“制作花朵”部分），用栗子色奶油糖霜作为花蕊。

12. 在裱花袋上建一个小孔，在玫瑰下面裱出垂下来的枝条，并在枝条的两端交替裱出小叶子。在花朵之间用惠尔通叶子裱花嘴352裱出叶子。

小贴士

在用奶油糖霜覆盖有弧度的蛋糕表面时，一些手边的柔韧的塑料材料能够提供很大的帮助。因为你可以将它弯曲，与蛋糕的曲线相匹配。这种工具可以是厚的塑料文件夹，一片薄膜，一张蜡纸，一块塑料垫，或是其他类似的东西。

玫瑰花桶

一个漂亮的蓝色复古搪瓷桶，装满了柔和的玫瑰，能够唤起对夏日花园的记忆。这款蛋糕的形状比较简单，只需要对蛋糕胚略作修整。这款蛋糕能让你在朋友特殊的花园生日聚会或纪念日中展示出你的玫瑰裱花技能。

你需要准备

- 15厘米×10厘米的长方形蛋糕，30厘米高
- 直径10厘米的圆形蛋糕或15厘米的半球形蛋糕
- 1千克浅蓝奶油糖霜
- 300克深灰色奶油糖霜
- 100~200克浅灰色奶油糖霜
- 300克浅桃粉色奶油糖霜
- 300克中度桃粉色奶油糖霜
- 300克浅绿色奶油糖霜
- 300克绿色奶油糖霜
- 蛋糕板
- 锯齿刀
- 惠尔通81号裱花嘴
- 惠尔通花瓣裱花嘴104
- 惠尔通叶子裱花嘴352
- 裱花袋
- 调色刀
- 蛋糕刮板
- 无纺布
- 烘焙用纸
- 剪刀
- 钢笔或铅笔
- 面包条或硬的长条脆饼干

1. 在给蛋糕塑性之前，先用浅桃粉色、中度桃粉色和浅绿色奶油糖霜裱出24朵玫瑰（参照“制作花朵”部分），冷藏固化（整个蛋糕完成之后可能会多出少许玫瑰）。堆叠蛋糕并添加固定销（参照“奶油霜蛋糕基础”部分），将蛋糕放在蛋糕面板上，但是这个并不是最终用于展示蛋糕的面板。用烘焙用纸做一个圆，要大约比蛋糕小2.5~5厘米，作为修整蛋糕形状的基准。

2. 从蛋糕底部开始量出5厘米，围绕蛋糕标出一条线。

小贴士

因为桶的底部要比上部小，所以最好是先修整出小的一端，然后将蛋糕反过来放置。

3. 紧紧按住蛋糕顶端作为基准的烘焙用纸，从圆形的边缘斜着切到靠近底部准绳线的位置。

4. 你也可以一直切到蛋糕底部，直到得到正确的反过来的桶的形状。

5. 在最上面一层蛋糕的表面涂上薄薄一层奶油糖霜，然后在上面附上最终用于展示的蛋糕板。将手放到底部的蛋糕板下，双手稳稳夹住蛋糕，迅速将蛋糕翻过来。

6. 这时较宽的一端应该朝上，将10厘米大小的圆形蛋糕（修整成小的半球型），或半球形蛋糕放置到蛋糕最顶端。

7. 用未染色的奶油糖霜给半球形蛋糕预抹面，剩余蛋糕用浅蓝色奶油糖霜预抹面（参照“奶油霜蛋糕基础”部分），然后将蛋糕放入冰箱冷藏15~20分钟，或静置固化。给“篮子”的部分再抹上一层蓝色奶油糖霜，再用刮板涂抹均匀。

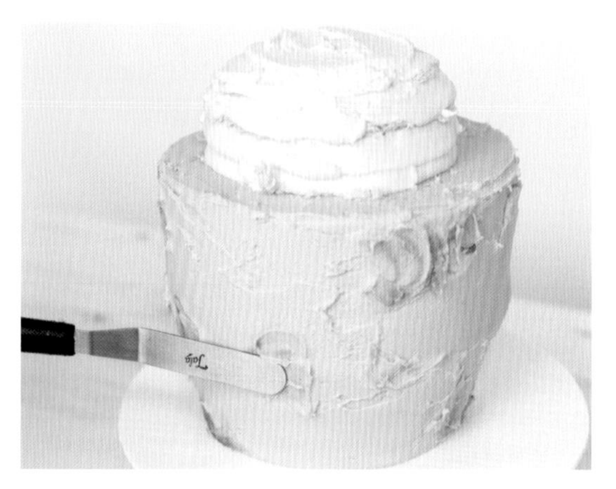

8. 给裱花袋顶端建一个小孔，装入深灰色奶油糖霜，在蛋糕表面随意抹上几团，确保它们之间的距离大约一致。然后用调色刀将深灰色奶油糖霜以画圈的方式抹开。

9. 用蛋糕刮板将蛋糕表面抹平，并把颜色涂匀。从各个方向将蛋糕表面刮一遍（从右到左，从左到右），接着用无纺布轻轻打磨光滑（参照“奶油霜蛋糕基础”部分）。

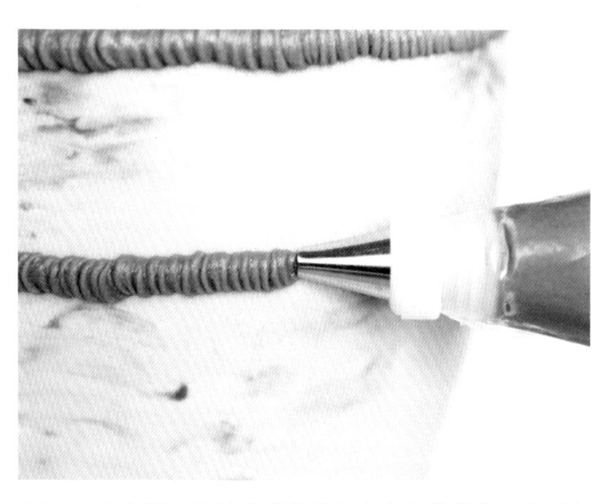

10. 用惠尔通81号裱花嘴给篮子加上细节装饰，有弧度的一面朝外，裱花嘴接触蛋糕表面。从一端开始，均匀施力挤压裱花袋，不断前后移动，使花纹看起来比较均匀。在最顶端的边缘和底部5厘米的准线处，围绕蛋糕裱两条线。

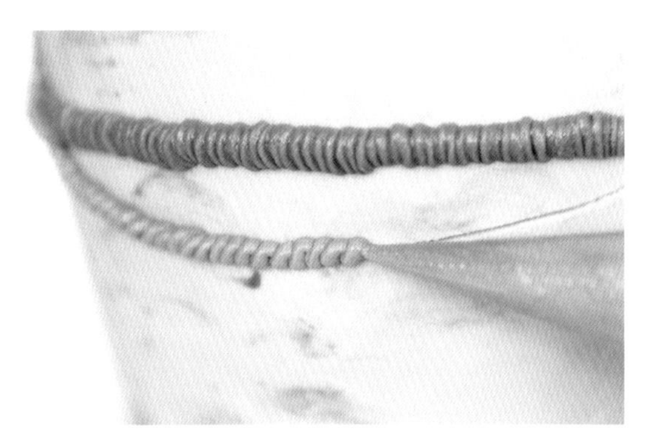

11. 用牙签标记出篮子把手的位置，再用浅灰色奶油糖霜裱出环状的串状装饰。在这一步你可以用惠尔通81号裱花嘴，也可以直接在裱花袋上开一个中等大小的孔。

12. 在蛋糕顶端挤上几团奶油糖霜，用以将冷藏好的玫瑰放置在正确的角度上。花的颜色要有变化，然后在花朵的缝隙中裱出叶子。

小贴士

制作玫瑰的茎，可以将面包条切成你想要的长度，然后涂上惠尔通绿色巧克力糖果泥。放置到烘焙用纸上使其固化（参照“秋日花环”蛋糕关于松果的讲解，学会如何在面包条上制作玫瑰）

令人喜悦的盒子

这一节的蛋糕有一个破旧的包装，它被包裹在旧报纸中，看起来颜色柔和美味，像令人惊艳的时尚褶饰盒子，就好像找出了一个复古的针线盒或是被遗忘的一小包蕾丝胸针。

你需要准备

- 30厘米×30厘米的方形蛋糕，7.5厘米高
- 200~300克暗粉色奶油糖霜
- 200~300克桃粉色奶油糖霜
- 200~300克奶油色奶油糖霜
- 200~300克浅栗子色奶油糖霜
- 200~300克深栗子色奶油糖霜
- 200~300克绿色奶油糖霜
- 200~300克灰色奶油糖霜
- 200~300克浅褐色奶油糖霜
- 打印好的威化纸
- 装饰用可食用胶水
- 小碗
- 刷子
- 裱花袋
- 烘焙用纸
- 剪刀
- 惠尔通花瓣裱花嘴104
- 惠尔通花瓣裱花嘴103
- 惠尔通裱花嘴150
- 惠尔通裱花嘴97L
- 惠尔通星形裱花嘴2D

1. 将蛋糕切成两半，上下堆叠，接下来进行抹面（参照“奶油霜蛋糕基础”部分）。

2. 将打印好的威化纸撕成不规则的几片，然后将它们粘在蛋糕的侧面。在粘每一片之前用小刷子将可食用胶水轻刷在糯米纸背面。

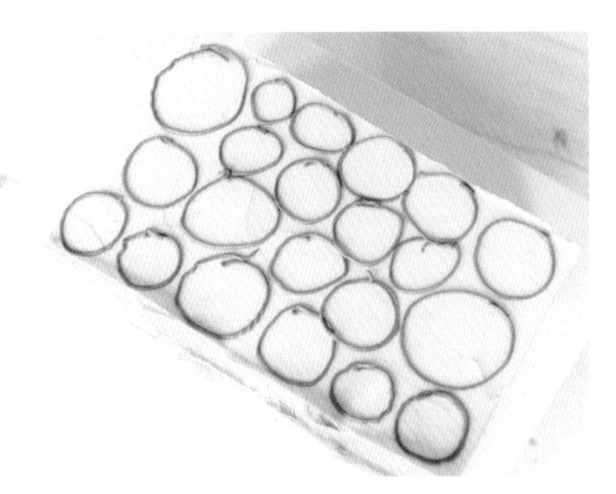

3. 在蛋糕顶部画出大约21个圆形作为裱花的标记。

4. 裱花时先在底部裱一团奶油糖霜，然后裱出褶皱花（参照“制作花朵”部分），以这张照片作为参照物进行裱花。

柔和的拼接蛋糕

简单的正方形可以制作出非常具有现代感的造型，特别是你用精美柔和的颜色来制作时。把每个方形都要做得方方正正，否则整个蛋糕看起来就比较糟糕。我们给每一个方块都使用不同的颜色和花纹，将简单的元素组合成复杂的样式。浅色调使得每个方块看起来更加完美。

你需要准备

- 20厘米×20厘米的方形蛋糕，10厘米高
- 200~300克浅蓝色奶油糖霜
- 200~300克浅粉色奶油糖霜
- 200~300克浅紫色奶油糖霜
- 200~300克浅绿色奶油糖霜
- 200~300克浅蓝绿色奶油糖霜
- 200~300克浅桃粉奶油糖霜
- 烘焙用纸
- 剪刀
- 刷子
- 刮板
- 短的尖角调色刀
- 小片纸板
- 无纺布
- 惠尔通菊花裱花嘴81
- 惠尔通小号星形裱花嘴14
- 惠尔通普通圆形裱花嘴5
- 惠尔通篮子裱花嘴47
- 惠尔通裱花嘴97L
- 裱花袋
- 裱花嘴连接器

1. 将蛋糕堆叠好并进行抹面（参照“奶油霜蛋糕基础”部分），将烘焙用纸剪成与蛋糕顶部一样大的方形，通过折叠将其九等分。

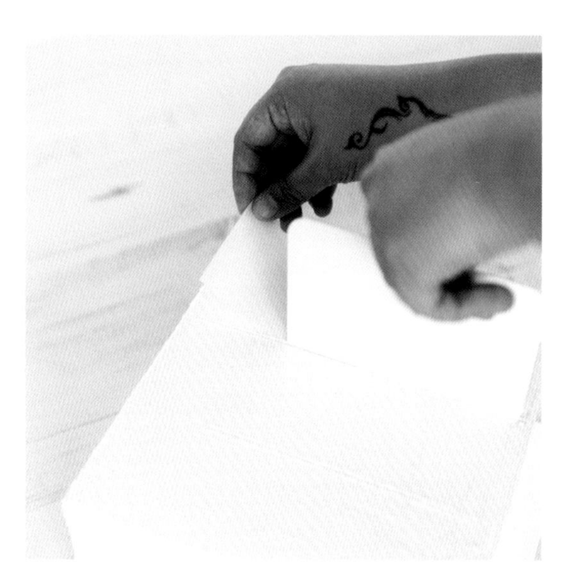

2. 剪出一列方形作为准绳，将它轻轻放在蛋糕表面，用刮板比照着在蛋糕上画出三列。

小贴士

你可以用你想到的任何一种技巧来填充每一个方块——卷轴型、十字交叉、点状、小号花朵或是其他你希望用的形状。

3. 重复以上步骤，标记出行。在蛋糕的侧面也要画出相应的线。

4. 用长方形或三角形将一些方块分为两部分，使用小片纸板或刮板划线。任选一种颜色的奶油糖霜填充，并用调色刀或纸板抹平。

5. 用无纺布和刮板将三角形和长方形打磨光滑（参照“奶油霜蛋糕基础”部分）。

6. 修整图形的边缘，使它们变得笔直。用一块刮板垂直下压，然后将多余的碎片刮掉。把边缘修好之后你可以重复步骤4~6，将图形的另一半用另一种颜色补充完整。

7. 如果需要修整的部分位于蛋糕的角上，可以用刮板往下切。将裱花嘴安装在装有不同颜色奶油糖霜的裱花袋上，将剩余部分用各种颜色或图案补齐。

8. 在裱贝壳形装饰时，用惠尔通普通圆形裱花嘴5号从图形的外边缘开始，手持裱花袋大约呈80度角，裱花嘴与蛋糕表面接触，挤压裱花袋将奶油糖霜挤出后，再将裱花嘴向后拉并略微下压。

9. 使用菊花裱花嘴时，要使有弧度的一端朝上，裱花嘴下方的两点朝下，与蛋糕表面接触。从一端开始均匀施力挤压裱花袋，手要轻轻前后移动，制作出均匀的图案。

10. 用小星星进行填充时，从一端开始，手持裱花袋呈90度，轻轻挤压裱花袋做出一颗小号星星。重复这一步骤持续制作，要确保你裱出的星星挨得都比较紧密（但是不要使它们互相重叠），这样它们之间就不会产生缝隙。

11. 使用篮子裱花嘴时，从一端开始，交替用裱花嘴的两边进行装饰。用不变的力度挤压裱花袋，慢慢向后拉裱花袋再松开。然后将裱花袋反过来，用锯齿状的一端和平滑的一端交替制作。

小贴士

这款蛋糕比较灵活，可以做给男性也可以做给女性。你可以自行使用其他裱花嘴和颜色的组合，来适应你需要的场合。想象一下使用粉色或蓝色的渐变色，看起来一定棒极了！你也可以使用不同的色调，甚至不需要拘泥于方形的图案。

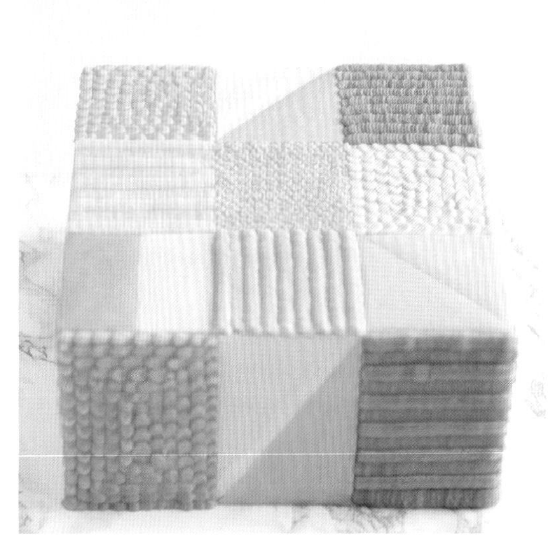

来自印第安图案的灵感

这款蛋糕复杂的外观其实不需要使用过多的制作技巧，它实际上很简单，最终的效果主要是通过各种紧密相连的颜色来呈现。我们用简单的画圈方式裱出花纹，看起来就像钩针制成的“V”字形和反转的“V”字形，或是军人佩戴的V形臂章。最后的成果是一个令人印象深刻的高贵的图案。

你需要准备

- 直径20厘米的圆形蛋糕，10厘米高
- 500~600克浅栗子色奶油糖霜
- 100~200克褐色奶油糖霜
- 100~200克栗子色奶油糖霜
- 100~200克奶油色奶油糖霜
- 100~200克蓝色奶油糖霜
- 烘焙用纸
- 尺子
- 铅笔
- 剪刀
- 小片纸板
- 刮板或纸板
- 威化纸做成的羽毛

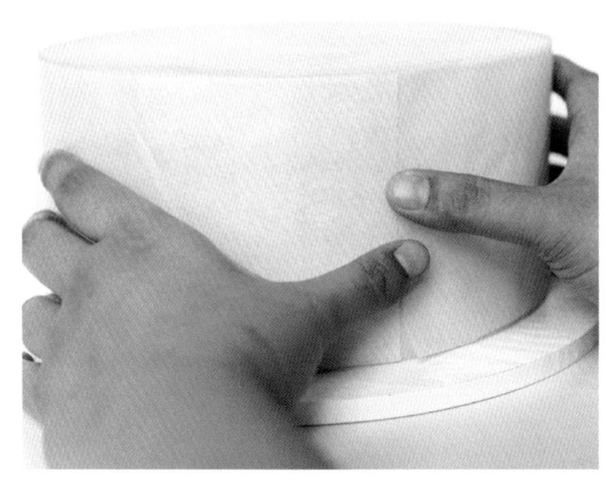

1. 将蛋糕堆叠好并进行预抹面，再用栗子色的奶油糖霜抹面并打磨光滑（参照“奶油霜蛋糕基础”部分）。然后剪一块烘焙用纸，使其高度与长度与蛋糕侧面一致。

2. 将烘焙用纸不断对折，直到对折成大约1.5厘米宽的条状。

小贴士

这款蛋糕可以通过改变装饰的颜色轻松改造成适合送给男性或女性的风格。你也可以将威化纸装饰改成其他装饰来搭配整个设计。

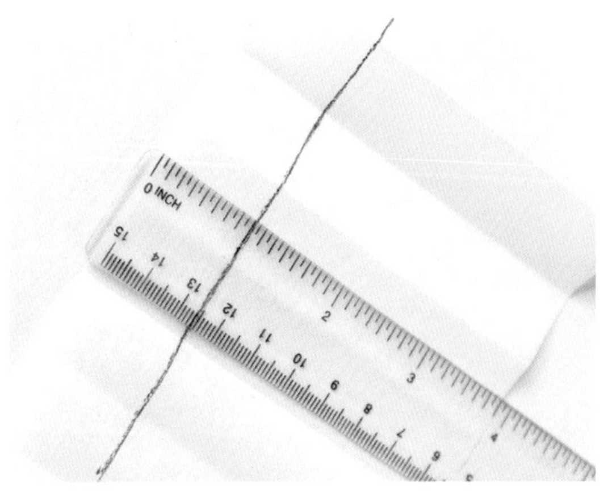

3. 从较长的一条边向下量出2.5厘米长的距离，用铅笔画一条线。

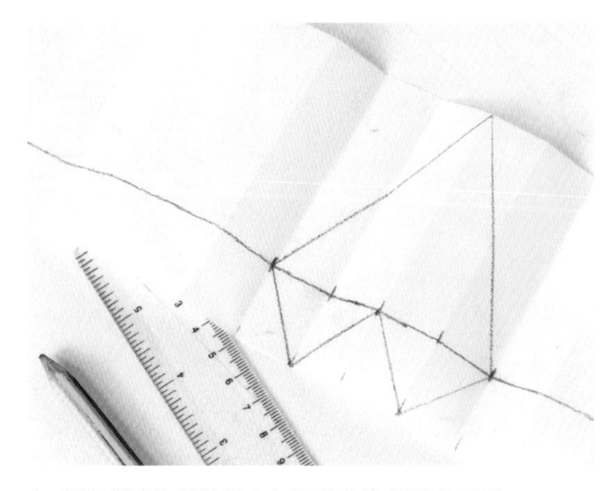

4. 利用折痕和铅笔画出如图所示的V形臂章图形。

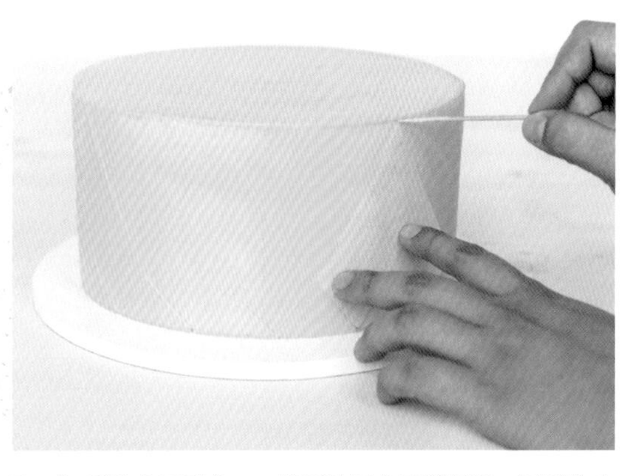

5. 将V形臂章图形剪下，然后放置在蛋糕侧面，图形的尖端朝上，跟蛋糕上边缘平齐。用一根牙签沿着图形的轮廓画出图形。重复以上步骤，在蛋糕侧面画满V形臂章图形，图形之间互相连接。

6. 用一小块纸板连接各个顶点，标记出每个图形的中心线和底部的线，然后从中心线开始把两端分成五个长条部分，V形臂章图形的底部也这样分割。

7. 使用褐色奶油糖霜，从图案最外层的边缘开始，用画圈的方式裱出钩针花纹（参照“裱出钩针图案”部分）。

8. 重复以上步骤，用栗子色、奶油色和蓝色在图案的上半部分裱出钩针花纹。

9. 重复以上步骤，填充图案底部。要注意上下的颜色衔接。

10. 使用同样的填充技巧，填充图案之间在蛋糕底部形成的三角，使用的颜色顺序要跟之前一样：褐色、栗色等。

11. 根据前面技巧部分的介绍，制作威化羽毛。然后在你想粘贴羽毛的地方挤上一小团奶油糖霜，将羽毛粘在上面。

12. 将羽毛压在上面几秒钟，确保它们已粘牢。

裱出钩针图案

在制作V形臂章时，每种颜色要标出两行小圆圈图形。裱圆圈时，将裱花袋的顶端开一个小孔，然后拿着它与蛋糕垂直，顶端要一直与蛋糕表面相接触。第一行圆圈要顺时针制作，第二圈要逆时针制作，并与第一行部分重叠，你也可以用惠尔通1号书写裱花嘴来制作。

黑白条纹蛋糕

谁未曾被黑白蛋糕的精美外观所吸引？将它变得更加吸引人也非常简单。垂直的竖条纹使它看起来更加高挑。为了平衡这种感觉，也为了增添一种色彩的碰撞，我们加入了一些纽扣状的褶饰花和闪闪发亮的可爱的可食用珍珠。

你需要准备

- 直径15厘米的圆形蛋糕，15厘米高
- 1千克白色奶油糖霜
- 100~150克浅黄色奶油糖霜
- 100~150克中度黄色奶油糖霜
- 100~150克灰色奶油糖霜
- 200~300克黑色奶油糖霜
- 烘焙用纸
- 尺子
- 钢笔或铅笔
- 剪刀
- 锯齿刀
- 短的尖角调色刀
- 裱花钉
- 裱花袋
- 刮板
- 惠尔通裱花嘴150
- 惠尔通篮子裱花嘴47
- 惠尔通圆形裱花嘴6
- 惠尔通普通圆形裱花嘴5
- 大号珍珠糖
- 镊子

1. 将蛋糕堆叠好并进行预抹面（参照“奶油霜蛋糕基础”部分）。比照蛋糕侧面的高度和周长，剪出一块一样大的烘焙用纸。

2. 将与蛋糕周长相等的烘焙用纸对折，在纸的反面的边缘用钢笔在距顶部2.5厘米处做出标记，然后从斜对角的顶点画一条线，用剪刀剪开。

小贴士

在裱条纹时，最好是自下向上裱。你可以使用刮板或者尺子标记出直线作为参照，然后均匀挤压裱花袋，快速向上拉，避免出现褶皱。

3. 将烘焙用纸绕着蛋糕包一圈，沿着纸的形状将多余的蛋糕用锯齿刀切掉，制作出一个倾斜的蛋糕顶部。

4. 剪一小块方形烘焙用纸，在上面画一个圈作为裱花尺寸的依据，将纸片用一点奶油糖霜粘在裱花钉上。手持惠尔通裱花嘴150，使其在裱花的表面平躺，裱花嘴的外边缘与之前画的圆圈相接触。持续挤压裱花袋，手部沿着基准线轻微前后移动，同时转动裱花钉。重复这一步骤，制作出淡黄色、中度黄色和灰色丝带花各至少3朵，然后放入冰箱冷藏固化。

5. 给蛋糕抹面（参照“奶油霜蛋糕基础”部分）。用惠尔通篮子裱花嘴47制作条纹，带有锯齿的一端朝外裱出白色条纹，平滑的一端朝外裱出黑色条纹。裱的时候要从蛋糕的底部向顶部拉。

小贴士

多制作一些丝带花，这样你就有了一些“后备补充”，因为在将他们从烘焙用纸上揭下来的时候，很有可能会破损。它们只是用薄薄一层奶油糖霜来制作，所以非常易碎。在用它们装饰的时候，也要动作快一些，赶在它们融化之前就将其装饰好。在装饰的时候，只需要按压它们的中间，这样它们就不会在蛋糕表面变得太过于平面，它们应该看上去是立体的。

6. 惠尔通圆形裱花嘴5号和白色奶油糖霜以由外及里螺旋画圈的方式装饰蛋糕顶部。注意不要留下缝隙，除非奶油糖霜卷起，否则不要提起裱花袋。

7. 找出你想放置丝带花的位置，在蛋糕表面裱一小团奶油糖霜，安置第一朵丝带花。

8. 将冷藏好的丝带花快速从烘焙用纸上揭下，放置在蛋糕上。轻轻按压使其粘的更牢。重复这一步骤，将所有丝带花都粘在蛋糕上。

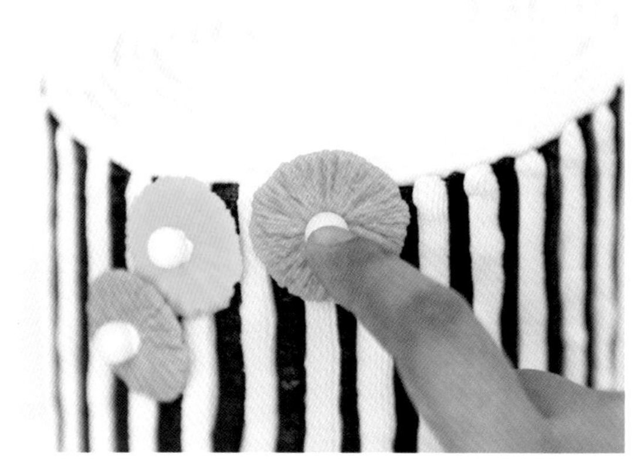

9. 在丝带花花心的位置挤一点奶油糖霜，然后用镊子迅速放上一颗大号珍珠糖，并用手指轻轻按压紧实。

闪耀的感觉

这款蛋糕加入了可食用的银箔和金箔，即使你觉得自己缺少艺术细胞，你依然可以在一些调色刀的笔触和闪闪发亮的材料中找到真正的艺术创作的感觉。你能够熟练地用工具刀混合颜色，用镊子装饰金银箔。你也许不需要额外什么东西来帮助你将金银箔粘到湿润的蛋糕表面上——奶油糖霜跟金银箔就是绝配！

你需要准备

- 直径15厘米的圆形蛋糕，15厘米高
- 500~600克白色奶油糖霜
- 100~200克浅蓝色奶油糖霜
- 100~200克中度蓝色奶油糖霜
- 100~200克灰色奶油糖霜
- 100~200克绿色奶油糖霜
- 100~200克桃粉色奶油糖霜
- 50~100克黄色奶油糖霜
- 裱花袋
- 剪刀
- 刮板
- 调色刀
- 1小碗水
- 镊子
- 可食用金箔和银箔
- 惠尔通花瓣裱花嘴104
- 惠尔通花瓣裱花嘴103

1. 将蛋糕堆叠好并进行预抹面，然后用白色奶油糖霜正式抹面（参照“奶油霜蛋糕基础”部分）。用刮板将表面刮均匀，表面不需要变得完全平滑。

2. 抹好奶油糖霜之后，用刮板在蛋糕顶部抹匀，然后用调色刀的顶端由外边缘向蛋糕中间抹出螺旋状的花纹。

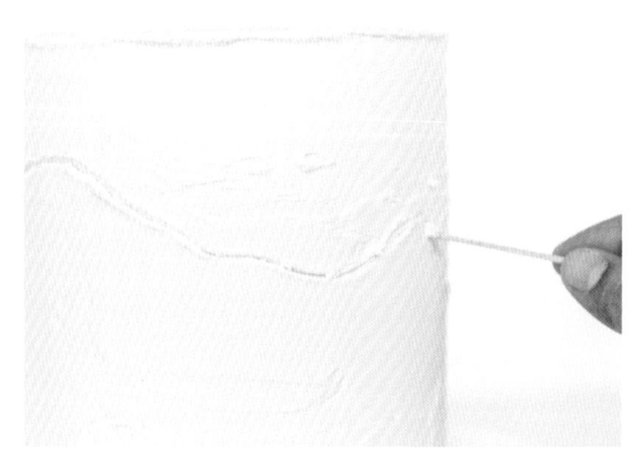

3. 用牙签在蛋糕侧面你想放置金银箔的位置标记出一条基准线。

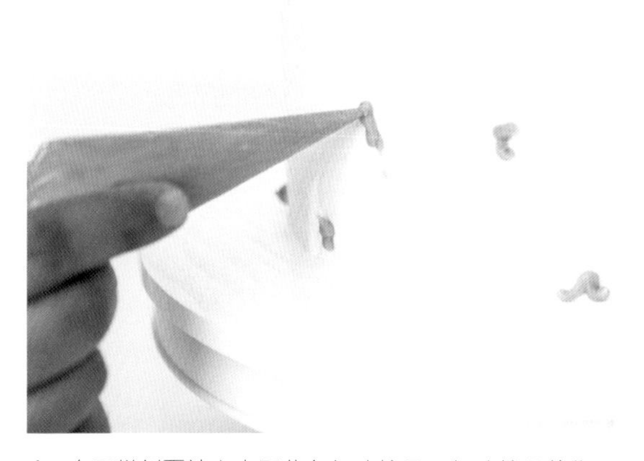

4. 在蛋糕侧面裱上小团蓝色奶油糖霜。奶油糖霜的位置是随机的，但彼此之间的距离要大约一致，这些奶油糖霜团要在你上一步画出的基准线下方大约5厘米

5. 用调色刀的尖端以向上的笔触将蓝色奶油糖霜抹开，尽量避免过多地来回抹。

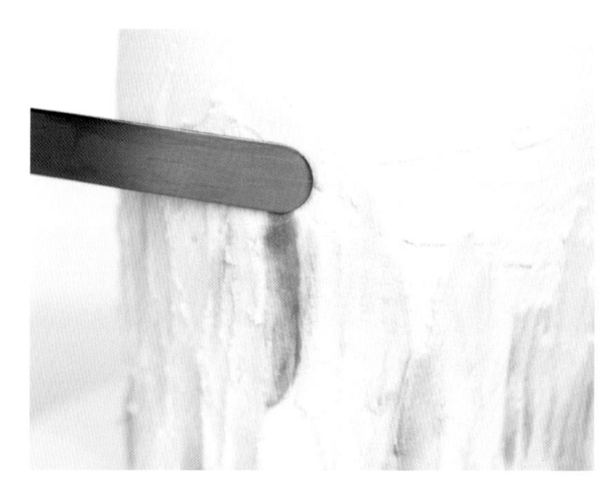

6. 用中度蓝色和灰色奶油糖霜重复上一步骤，但灰色奶油糖霜的使用量要少于蓝色。

7. 在基准线上方加上一点点蓝色和灰色笔触，注意不要过多。如果蛋糕表面开始固化，就很难将颜色抹开，这时可以在你的调色刀上撒上几滴水，使它变得湿润。注意不要加太多水在你的蛋糕上。

8. 用镊子揭下一小片金箔，放置在你画的基准线位置上。

9. 重复这一步骤，使金银箔将基准线都遮盖住。装饰的时候使用的金箔的量要多于银箔的量，你也可以在蛋糕的侧面随意贴上一点金属箔。

10. 在你想裱花的一点处，使用惠尔通花瓣裱花嘴104和折回形技巧（参照“制作花朵”部分）呈辐射状裱出3片绿色的叶子，然后给第二朵花再裱出三片叶子。

11. 在每簇叶子的中间挤上一团奶油糖霜，在每团奶油糖霜上用惠尔通花瓣裱花嘴103和桃粉色奶油糖霜裱制褶皱花（参照“制作花朵”部分）。在裱花袋顶端开一个小孔，用以在花心处裱上黄色的小点作为花蕊。

小贴士

装饰金银箔时一定要时用叶子，金属箔非常易碎，很容易在你的手指上撕裂。而于新鲜的奶油糖霜的表面比较黏，金银箔很容易就能粘在上面。但如果奶油糖霜已经过了一段时间，坚硬固化了，你在装饰的时候可以在蛋糕表面刷一点水，或是非常薄的一层可食用胶水。

纯金蛋糕

古铜色和金色恰到好处地搭配在一起，看起来光彩熠熠，使这款蛋糕成为送给喜爱高贵风格的朋友的最佳礼物。它制作起来比较简单，但是看起来很精致，仿佛自己放在那里就能放出光芒。

你需要准备

- 20厘米×20厘米的方形蛋糕，10厘米高
- 700~800克未染色的奶油糖霜
- 200~300克深黄色奶油糖霜
- 烘焙用纸
- 小片纸板
- 尺子
- 钢笔或铅笔
- 锯齿刀
- 剪刀
- 刮板
- 调色刀
- 裱花袋
- 牙签
- 喷枪
- 金色喷枪染料
- 可食用的金箔
- 可食用胶水
- 刷子
- 小碗
- 金色和古铜色可食用染料
- 金色糖粒
- 威化纸

1. 用未染色的奶油糖霜提前制作30~35朵小号玫瑰（参照“制作花朵”部分），并放入冰箱冷藏，如果你想要玫瑰的颜色更淡一些，可以将奶油糖霜染成白色。

2. 按照在“法式印花风情蛋糕”一节中的步骤，将蛋糕制成八角形，用纯奶油糖霜预抹面并打磨光滑（参照“奶油霜蛋糕基础”部分）。用牙签将蛋糕分成几个区域，画出的线条要微微呈波浪状，而不是直线。

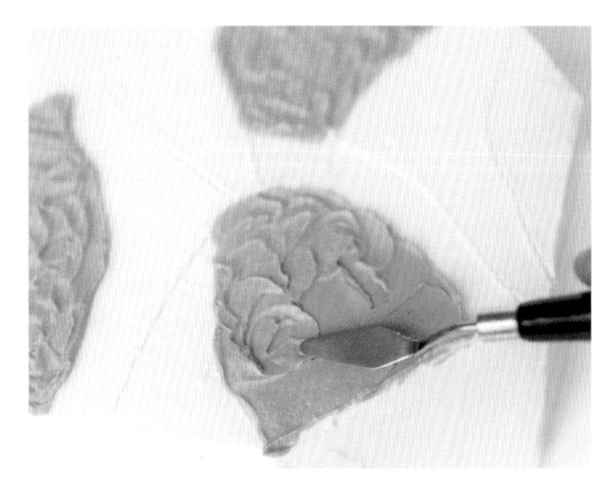

3. 选择几个你想使用喷枪装饰的区域，从它们开始，抹上薄薄一层深黄色奶油糖霜，用小号圆头调色刀的顶端以顺时针和逆时针交错的方式画圈涂抹。

4. 手持装有可食用金色喷枪染料的喷枪喷到图案上方，距离要保证能够均匀喷涂图案。不要将喷枪拿的太近，否则容易上色过少或过深。

5. 选择几个你想用金箔装饰的位置。如果蛋糕表面的奶油糖霜依然湿润，金箔就能够很容易粘在表面，如果已经干燥，可以在表面涂上一层薄薄的可食用胶水。将金箔剪成目标区域相同的形状，然后把金箔背面的纸从一边揭开，将其贴在蛋糕表面。

6. 金箔的一边粘住之后，轻轻地滑动你的手指，将剩余的背面的纸揭掉。你可以用这张纸来轻轻按压金箔，使其粘的更牢，不要用你的手指，否则金箔很容易粘在你的手指上。

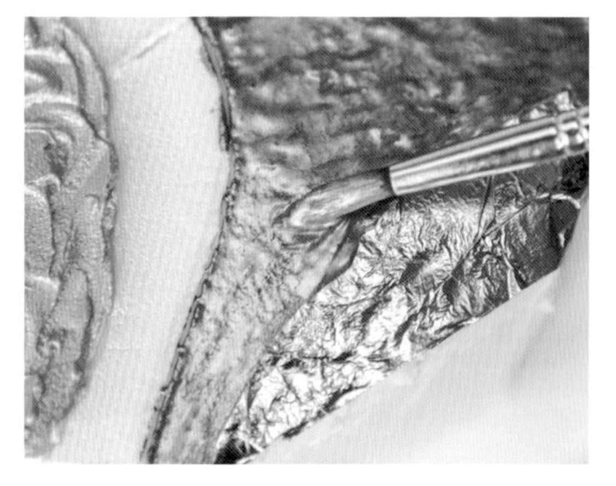

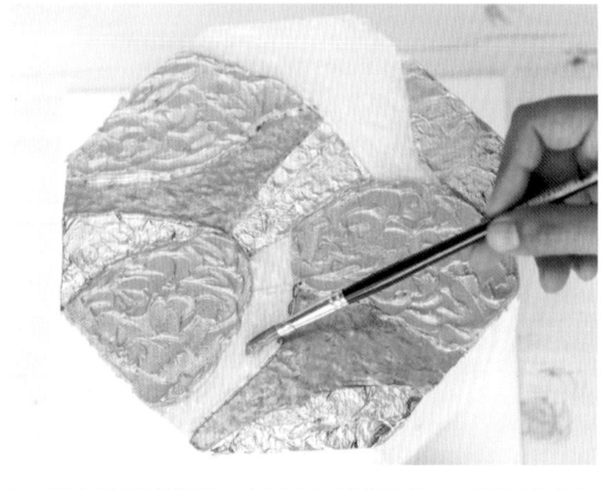

7. 选择几个你想涂上金属色的区域。用可食用古铜色染料涂上第一层颜色，并静置10~15分钟使其干燥，然后再涂上可食用金色染料，将两种颜色轻轻混合。

8. 剩余的区域要用可食用金色糖粒装饰。用刷子在它们的表面涂上薄薄一层可食用胶水。

9. 用你的手指将金色糖粒撒在需要填充的位置。你可以使用牙签或干燥的小刷子将这些细小的装饰铺展开。

10. 在威化纸上先涂一层古铜色染料，再涂一层金色染料，（参照“使用威化纸部分”）使其完全干燥。

11. 用剪刀将干透的金色威化纸剪成小叶子的形状。

12. 将冷藏好的玫瑰沿着蛋糕底部摆一圈。在每个玫瑰后面挤一点奶油糖霜，这样它们就能粘在蛋糕上，而且呈一定的角度。

13. 在每朵玫瑰之间插入剪好的金色威化纸叶子。

粉色微光

闪闪发光的金属色蛋糕一直都很有魅力。在这款夺人眼球的创作中，如瀑布般泻下的闪亮糖霜，呈现出一丝高雅的质感，又带着一点颓废，同时又使蛋糕看起来简单摩登。

你需要准备

- 20厘米×20厘米的方形蛋糕，15厘米高
- 1千克白色奶油糖霜
- 100~200克黑色奶油糖霜
- 喷枪
- 珍珠色和银色喷枪染料（油基）
- 450~500克制作果酱的糖或蜜饯糖（颗粒非常大），如果找不到蜜饯糖，也可以用晶粒砂糖替代。
- 粉色和银色的可食用金属染料
- 可重复使用的食品密封袋
- 烘焙用纸
- 锯齿刀
- 托盘或披萨盘
- 刷子
- 可食用胶水
- 刮板或纸板
- 威化纸
- Sugarflair牌甘草黑染色膏
- 花艺铁丝，或其他细铁丝
- 裱花袋
- 剪刀
- 小碗

1. 按照“使用威化纸”部分的介绍制作威化纸花。用喷枪给每片花瓣的顶端喷上银色染料。你可以提前将威化纸花准备好。

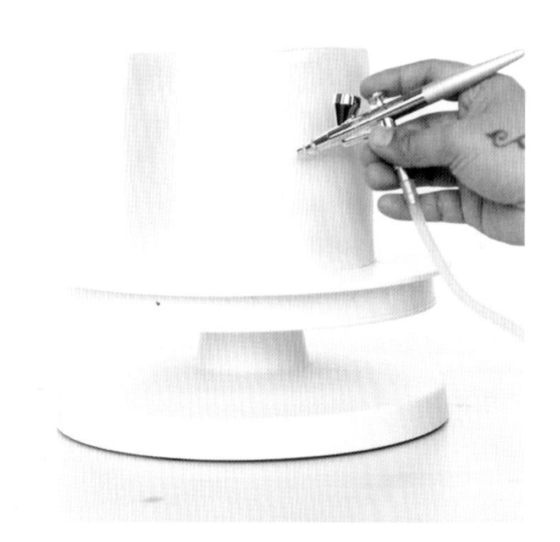

2. 将蛋糕堆叠好并进行预抹面，然后用白色奶油糖霜正式抹面并打磨光滑（参照“奶油霜蛋糕基础”部分）。待蛋糕表面干燥固化之后，用喷枪喷上珍珠色的染料。

小贴士

在制作黑色威化纸花时，要单独准备好小号、中号和大号的花瓣，然后将它们组合在一起制作出花朵。如果你喜欢的话，可以将花朵喷成珍珠色，以配合蛋糕。

3. 将150克糖砂倒入食品密封袋，然后加入几滴粉色可食用金属染料，制成染色的糖砂晶体。

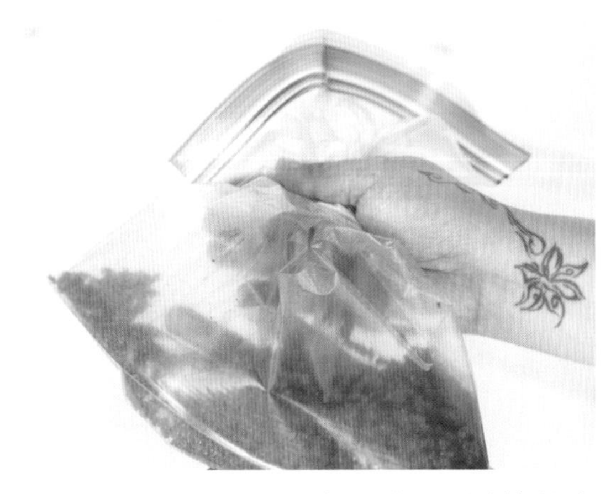

4. 晃动密封袋使颜色均匀。你可以多加一些染料使颜色更深一些，但是注意不要加太多，要不然糖可能会融化。重复这一步骤，制作出3种深浅不一的粉色糖砂。

5. 在烘焙用纸上将糖砂用调色刀铺开，使其干燥。将其暴露在空气中隔夜，或用180℃的烤箱加热10分钟。

6. 糖砂干燥后，颜色会变浅，看起来变成了大块的晶体。你可以再将糖砂装入食品密封袋，然后小心将它们弄碎。

7. 将蛋糕放置到托盘或披萨盘中，在蛋糕底部刷上可食用胶水。刷的时候要绕着蛋糕，将你想要撒上深色糖砂的部位都顾及到。注意，在后面的部分你需要把蛋糕倒过来，所以现在的底部会变成顶部。

8. 将颜色最深的粉色糖砂绕着底部撒一圈，在轻轻将它们按到蛋糕上，要将所有涂有胶水的部分都粘上糖砂。

9. 重复以上步骤，在上一层糖砂上端再加上两层中度浅跟最浅的粉色糖砂。在装饰糖砂的时候，用一片纸板或刮板挡在下面，能够帮助你更简单的收集掉落下来的糖砂。

10. 最后一层糖砂要制作成参差不齐的边缘，使蛋糕设计更有造型感。

11. 在蛋糕顶部裱上薄薄一层奶油糖霜，然后在上面放置一块蛋糕板。紧紧按住托盘（或披萨盘），然后小心地快速将蛋糕倒置。

12. 在蛋糕现在的顶端抹上一层黑色奶油糖霜，等到它干燥固化之后将其打磨光滑。

13. 将最深颜色的粉色糖砂（就是你最刚开始用来撒在蛋糕上的那一种）绕着蛋糕顶部边缘撒一圈，然后轻轻按压使其粘在蛋糕表面。

14. 围绕蛋糕轻轻喷上一些可食用珍珠色染料，使蛋糕变得更闪亮，并填补一些糖砂之间的空隙。最后加上威化纸花，完成整个蛋糕的制作。

蒸汽朋克礼帽

蒸汽朋克是将维多利亚时期的风格融入了现在的装饰元素，多以黄铜、古铜或青铜来表现，而且经常伴有时尚的装饰，如紧身衣、羽毛和胸针。将这些主题加入到蛋糕中，给蛋糕的细节增添上一种怪异又典雅的风格。

你需要准备

- 直径15厘米的圆形蛋糕，15厘米高
- 直径20厘米的圆形假蛋糕胚，2.5厘米厚
- 800~900克黑色奶油糖霜
- 400~500克褐色奶油糖霜
- 30~50克浅褐色奶油糖霜
- 300~400克深紫色奶油糖霜
- 300~400克紫色奶油糖霜
- 50~100克黄色奶油糖霜
- 固定销
- 剪刀
- 烘焙用纸
- 尺子
- 铅笔
- 裱花袋
- 刮板
- 纹理垫
- 喷枪
- 无纺布
- 金色喷枪染料
- 惠尔通花瓣裱花嘴103
- 惠尔通花瓣裱花嘴104
- 胸针模具
- 用于标记的小纸板
- 金色糖珠
- 镊子
- 威化纸制作的羽毛

1. 堆叠蛋糕并给蛋糕塑形（参照“奶油霜蛋糕基础”部分）。想要得到正确的形状，参照“玫瑰花桶”蛋糕。当你的蛋糕达到令你满意的形状后，将蛋糕倒过来并进行预抹面。

2. 剪一片烘焙用纸纸条，大约2.5厘米宽，长度与蛋糕周长一致，然后将其放置在距蛋糕上边缘2.5厘米处，再剪一片方形烘焙用纸，高度要比蛋糕的高度少2.5厘米，在方形中间剪下一个大大的“V”形，大小取决于你想制作的蛋糕蕾丝花纹部分的面积。将方形的纸剪成两个直角三角形，然后粘在蛋糕上，再修剪之前粘上的烘焙用纸纸条，如图中所示打开“V”形的开口部分。用黑色的奶油糖霜涂抹蛋糕顶端和“V”形内部，同时将假的蛋糕胚也涂满黑色奶油糖霜。

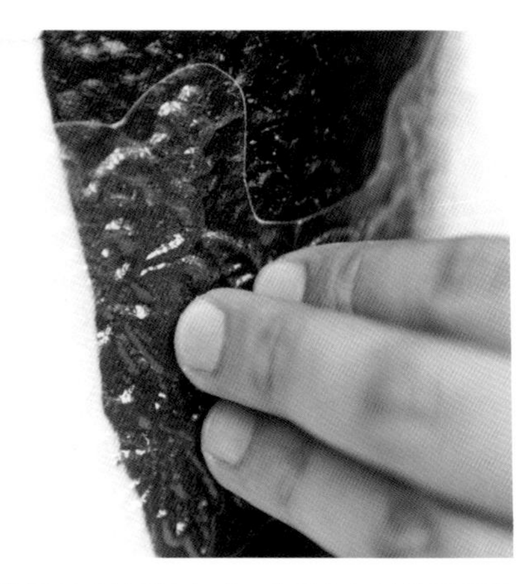

3. 在室温下静置45分钟到1小时，使黑色奶油糖霜部分干燥固化，或到摸起来不黏手的程度。接下来用印花垫在黑色奶油糖霜的部分轻轻印上花纹，同样将假的蛋糕胚部分也印上花纹。

4. 用喷枪给黑色奶油糖霜微微喷上金色，注意不要将喷枪距离蛋糕太近，否则容易上色过少或在表面聚成一团。在假的蛋糕胚部分也进行喷涂。

5. 轻轻揭下烘焙用纸，你可以使用牙签辅助。

6. 在剩余的部分涂上褐色奶油糖霜，用刮板或调色刀抹平，然后用无纺布打磨光滑（参照“奶油霜蛋糕基础”部分）。

7. 在裱花袋顶端开一个小孔，用同样的褐色奶油糖霜在蛋糕上裱出螺旋状的花纹，你也可以使用惠尔通书写1号裱花嘴。

8. 接下来是将蛋糕组装好。将假的蛋糕胚放置在蛋糕板上，然后将蛋糕放置在假蛋糕胚的中央。剪一段与蛋糕高度大致相等的固定销，从蛋糕底部从中间穿过（参照“奶油霜蛋糕基础”部分）。

9. 用惠尔通花瓣裱花嘴103和紫色奶油糖霜沿着褐色区域的边缘裱出褶皱花边（参照“裱花样式”部分）。注意裱花嘴较宽的一端在底部。你可以依照喜好制作两层或三层花边。

10. 在蛋糕褐色部分与假蛋糕胚相接的部分制作两到三层没有褶皱的花边。

11. 装饰上你提前做好并冷藏的玫瑰（参照“小贴士”部分），用紫色奶油糖霜在周围裱上一些不同大小的褶皱花，然后在每朵褶皱花的中心位置安上提前做好的胸针装饰，胸针装饰要放在冰箱中冷藏固化，并用喷枪喷上金色染料。

12. 用小纸板在黑色的“V”形部分标记出十字交叉线，然后用环形花边技巧（参照“裱花样式”部分）裱出浅褐色的“蕾丝”。将金色的糖珠装饰在每段“蕾丝”与褶皱花边的交接处。

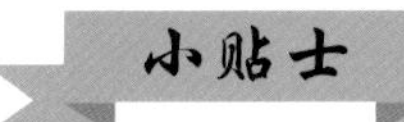

提前用紫色奶油糖霜制作一朵或两朵玫瑰，还要在胸针模具中装满黄色奶油糖霜，把它们都放入冰箱冷藏固化，做好之后用喷枪在胸针上喷上金色的染料。

13. 最后装上威化羽毛（参照“使用威化纸”部分），你也可以在装饰玫瑰和褶皱花之前进行这一步。

多彩的切块蛋糕

为什么整个蛋糕只能有一个主题？在这里你可以一次性实验6种不同的设计！无论你如何切它，这款蛋糕都能给你带来一场视觉盛宴。即使你使用了最简单的花纹，这依然是一种引人注目的展示蛋糕的方式，而且一定会给大家留下深刻的印象。

你需要准备

- 以下几种奶油糖霜各200~250克：深粉色、蓝色、粉蓝色、紫色、黄色、橙黄色、绿色
- 100~150克白色奶油糖霜
- 50克红色奶油糖霜
- 直径20厘米的圆形蛋糕，10厘米高
- 刮板
- 无纺布
- 惠尔通裱花嘴102
- 惠尔通花瓣裱花嘴103
- 惠尔通叶子裱花嘴352
- 惠尔通星形裱花嘴14
- 惠尔通褶皱裱花嘴86
- 裱花袋
- 烘焙用纸
- 铅笔或钢笔
- 剪刀
- 锯齿刀
- 纽扣模具
- 珍珠糖珠

1. 剪一片圆形的烘焙用纸，其大小跟蛋糕顶部一样。

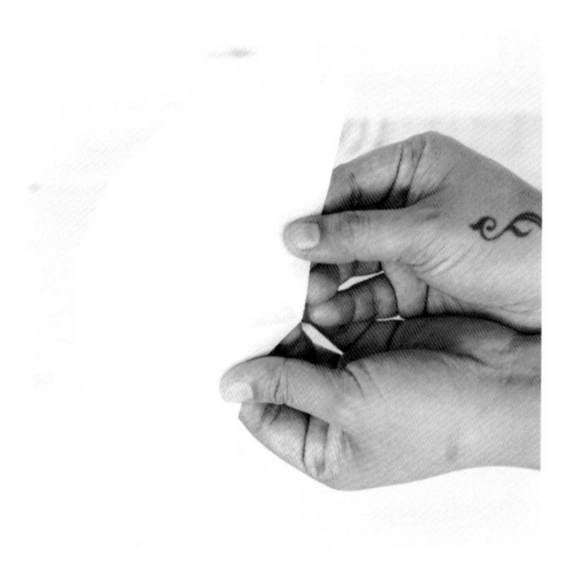

2. 将烘焙用纸对折，然后再折两次，将半圆三等分。

小贴士

我们选择了有趣、明亮的颜色，但是你也可以选择柔和的色彩或是单色来装饰，想象力是你唯一的限制！

3. 用锯齿刀将蛋糕胚较硬的表面切掉、修平。将半圆形的烘焙用纸放置在蛋糕上，沿着烘焙用纸将蛋糕切成两半。

4. 将纸折成六分之一大小，重复以上步骤将蛋糕切成六块。用你想用的颜色给蛋糕预抹面，然后打磨光滑（参照“奶油霜蛋糕基础”部分）。接下来按照你自己的想法装饰每一块蛋糕，或是参考我们下面的设计。

蓝色花朵蛋糕块

在蛋糕侧面腰部的中间画一条基准线，然后用惠尔通裱花嘴86裱出一条褶皱花边（参照“裱花样式”部分）。用白色奶油糖霜和惠尔通裱花嘴14在蛋糕的上半部分全部裱上小花，并在花心处装一粒粉色糖珠。在蛋糕的顶端裱出一朵小号的褶皱花，用纽扣模具制作一朵扣子安装在纽扣花中间，再裱出叶子。最后使用惠尔通裱花嘴14以不断晃动地“Z”字形手法裱出上边缘的花边。

粉色蛋糕块

用两种粉色制作双色效果（参照“浪漫蕾丝蛋糕”一节），在蛋糕的上边缘用惠尔通花瓣裱花嘴103裱出向下的褶皱花边。用惠尔通叶子裱花嘴352裱出长长的叶子，再在叶子上面用惠尔通花瓣裱花嘴102裱出五瓣或六瓣的小花，最后在每个花心处安装一颗珍珠糖珠。

紫色蛋糕块

用惠尔通篮子裱花嘴47在蛋糕侧面中线处裱出波浪状的花边，裱花嘴顺滑的一面朝上。然后在蛋糕的边缘裱出贝壳状的花边（参照“裱花样式”部分）。你可以在蛋糕边缘的每个顶点上加一颗蓝色糖珠，使其看起来有一点变化。用惠尔通花瓣裱花嘴102在蛋糕的上表面裱一些螺旋状图案和简单的花朵（参照“制作花朵”部分），最后在花心处放上一个纽扣装饰。

蓝色的丝带蝴蝶结蛋糕块

使用顶端开了一个小孔的裱花袋或惠尔通书写2号裱花嘴，在蛋糕侧面裱上一些螺旋状的花纹。然后在蛋糕侧面随意裱上一些小的褶皱花，花心处用珍珠糖珠装饰（参照“制作花朵”部分）。在蛋糕的上下边缘用贝壳花边装饰（参照“裱花样式”部分）。最后用惠尔通花瓣裱花嘴102在蛋糕的上表面裱出一个丝带蝴蝶结，蝴蝶结的中心处放上几粒粉色糖珠作为装饰。

橙黄色蛋糕块

在蛋糕侧面的中线处裱出“背靠背”花边（参照“裱花样式”部分），并在两条褶皱花边的交接处裱上一条贝壳花边。沿着蛋糕边缘的形状在蛋糕上表面裱出褶皱装饰，然后在蛋糕上表面安装上不同颜色的纽扣装饰。最后在蛋糕的下边缘裱出珠子花边。

黄色蛋糕块

用黄色奶油糖霜在蛋糕侧面随意裱出一些螺旋花纹。在蛋糕上表面沿着蛋糕边缘的形状裱出“背靠背”花边，中间装饰上珍珠糖珠作为点缀。在裱花袋的顶端开一个小孔，用粉色和红色奶油糖霜分别裱出两个面对面的“C”形，做出小花的效果，再裱上短线作为叶子。在蛋糕底部裱上鲜明的贝壳花边，最后在底部顶点处用糖珠装饰。

爱丽丝梦游仙境

这是一个真正不同寻常的蛋糕——它展现了我们非常活跃的想象力！我们想用各种吸引人的颜色制作出一个有趣的设计。结果就是这个梦幻的作品，它使用了一些非常简单的技巧。有什么比来一场疯帽人（Mad Hatter）的下午茶更异想天开的呢？

你需要准备

- 两个直径15厘米的半球形蛋糕
- 直径30厘米的圆形蛋糕板
- 400~500克纯奶油糖霜
- 500~600克浅粉色奶油糖霜
- 200~300克深黄色奶油糖霜
- 100~200克浅黄色奶油糖霜
- 100~200克蓝色奶油糖霜
- 300~400克黄色奶油糖霜
- 300~400克紫色奶油糖霜
- 300~400克红色奶油糖霜
- 300~400克深绿色奶油糖霜
- 100~200克浅绿色奶油糖霜
- 100~150克深粉色奶油糖霜
- 裱花钉
- 烘焙用纸
- 剪刀
- 锯齿刀
- 直径15厘米的圆形塑料泡沫板，2.5厘米厚
- 小号调色刀
- 裱花袋
- 惠尔通圆形10号裱花嘴
- 惠尔通书写5号裱花嘴
- 惠尔通花瓣裱花嘴103
- 惠尔通叶子裱花嘴352
- 惠尔通开口星星裱花嘴1M
- 惠尔通粉色糖果泥
- 用来融化糖的小碗
- 牙签
- 小号扭结饼干
- 粉色的巧克力纽扣

1. 用红色、紫色和黄色的奶油糖霜预先裱出大约20朵玫瑰，放入冰箱冷藏固化。将两个半球形蛋糕合成一个球形，用锯齿刀修整球形的底部，先从中间竖着切下一刀，大约切到2.5厘米深，然后从侧边水平切一刀，将如图中所示的一块蛋糕块切下。

2. 将蛋糕带过来，如图所示放置在塑料泡沫板上，被切下的一块正好卡在塑料泡沫板边缘，塑料泡沫板会被作为钟表装饰。

3. 将蛋糕顶端削掉一小块，使其变成一个平面，然后进行预抹面（参照“奶油霜蛋糕基础”部分），将蛋糕用浅粉色奶油糖霜抹面并打磨光滑。在一个大号的蛋糕板上（大约30厘米长）抹一些奶油糖霜，用以给蛋糕加固，或者用固定销穿过蛋糕板，加以支撑。

4. 在蛋糕顶端平整的部分用惠尔通花瓣裱花嘴103和浅黄色奶油糖霜裱出几层褶皱，每裱一层褶皱就要把中间部分填充起来，使其变成一个圆顶状。

5. 用模具做出几个大小不一的纽扣装饰，预先冷藏固化（参照“模具”部分），然后将它们堆叠安放在褶皱装饰的中心位置，看起来就像茶壶盖的把手。

6. 在裱花袋的顶端开一个小孔，用浅绿色奶油糖霜在茶壶的侧面裱上一些螺旋状的线，作为植物的茎。

制作钟表

钟表的部分你可以使用真正的蛋糕，但是我们在这里使用的是直径15厘米、2.5厘米厚的圆形塑料泡沫板。修剪一下泡沫板的上边缘，使其变得圆滑。在上表面抹上纯奶油糖霜，再用调色刀抹上几笔深黄色奶油糖霜，然后打磨光滑（参照“乡村之窗”蛋糕里天空的制作步骤）。下一步，用深黄色奶油糖霜装饰泡沫板的侧面，并用惠尔通圆形10号裱花嘴沿着顶部边缘裱出一圈简单的花边，再在这圈花边内部用惠尔通书写5号裱花嘴裱出一圈更窄的花边。最后，在一个裱花袋顶部开一个小孔，用黑色奶油糖霜在泡沫板上表面裱出钟表的指针和罗马数字。

7. 用蓝色奶油糖霜和惠尔通花瓣裱花嘴103在茶壶侧面裱出花芽（参照“制作花朵”部分），更小的花芽只需要用顶端开有小孔的裱花袋制作即可。在裱花袋顶端开一个中等大小的孔，沿着之前画出的茎，在其两边交替用浅绿色奶油糖霜裱出锥子形的叶子，“锥子”的底部要宽一些。

8. 按照图中所示，将之前冷藏好的玫瑰装饰在蛋糕周围，装饰时可在玫瑰底部挤上一小团奶油糖霜用以加固，可以用牙签辅助进行装饰。

9. 用深绿色奶油糖霜和惠尔通叶子裱花嘴352在玫瑰之间裱上叶子。

10. 用惠尔通开口星星裱花嘴1M和深粉色奶油糖霜在你准备安装茶壶把手的位置打底。使裱花嘴垂直于蛋糕表面，均匀挤压，制作出一个大号的星星。

11. 将粉色糖果泥融化，覆盖到两个扭结饼干的表面上。待它们冷却之后，将它们安装在你想要安装把手的位置的星星上，你也可以用威化纸制作出一个把手（参照“使用威化纸”部分）。

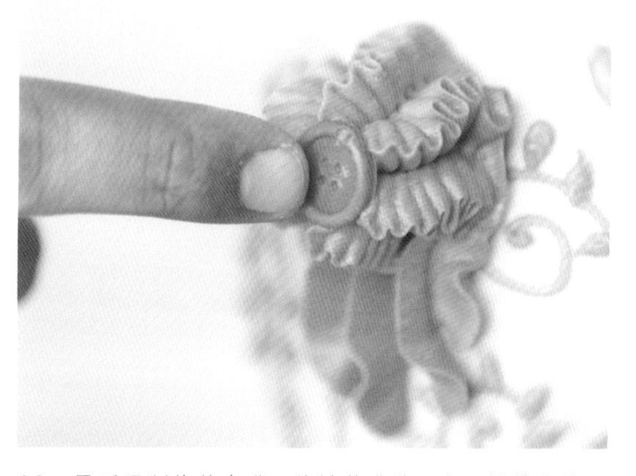

12. 最后是制作茶壶嘴。将裱花嘴放置在蛋糕的中线以下的位置，轻轻地均匀挤压裱花袋，直到奶油糖霜的长度变成你想要的茶壶嘴长度。随着你持续的挤压，小心将裱花嘴拿开，最后在顶端粘上一颗粉色的纽扣装饰即可。

供应商

英国供应商

红心皇后蛋糕定制店（Queen of Hearts Couture Cakes）
23 Jersey Road, Hanwell
London, W72JF
+44(0)1634235407/075813 95801
www.queenofheartscouturecakes.com
提供食用色素及蛋糕装饰用品

英国惠尔通（Wilton UK）
Merlin Park, Wood Lane, Erdington
Birmingham B24 9QL
0121 386 3200
www.wilton.co.uk
提供各种裱花嘴及蛋糕装饰用品

微小涂鸦设计（DinkyDoodle Designs）
2b Triumph Road,
Nottingham, NG7 2GA
+44(0)1159699803
www.dinkydoodledesigns.co.uk
提供笔刷用具及染料

美国供应商

惠尔通（The Wilton Store）
7511 Lemont Road
Darien, IL 60651
+1(630)9856000
www.wilton.com
提供各种裱花嘴及蛋糕装饰用品

作者简介

“红心皇后蛋糕定制店”坐落在英国伦敦，是一家荣获过多项大奖的蛋糕公司。这家店始建于2011年，由一对好朋友Valeri Valeriano和Christina Ong创办，一步步发展壮大。她们曾经出版过两本畅销书：*The Contemporary Buttercream Bible*和*100 Buttercream Flowers*，分别于2014年和2015年出版。Valeri和Christina发现自己只需要用奶油糖霜就可以制作出可食用的精美艺术创作，从此以后，她们就踏上了创作之路从未回头。

这两位自学成才的女士在欧洲、美国、亚洲、中东和澳大利亚都曾开办过课程，集中大量教授她们的奶油糖霜技巧。她们也曾登上著名的杂志、本地和国际的新闻报道，还出现在各种电视节目中。她们在很多不同的国际蛋糕节目中都展示过杰出的作品，被认为是国际化的蛋糕制作明星。

红心皇后蛋糕定制店一直在传递创意、复杂、典雅和完美的蛋糕制作理念。

致谢

我们的蛋糕之旅是我们生命中最棒的时光，我们一直坚信坚持做一件事总会有回报。每一个相信我们、支持我们、鼓励我们及被我们鼓励的人，谢谢你参与到我们的蛋糕之旅之中。

感谢F+W Media这个大家庭：Ame Verso，Lorraine Inglis和Anna Wade，谢谢你们一直相信我们。我们才能在一起书写出小小的一段蛋糕装饰历史。谢谢Sam Vallance帮助我们把对奶油糖霜的爱散布到各个国家，翻译成不同的语言。我们的仙女蛋糕编辑Jane Trollop，我们怎么感谢你都不为过。Jason Jenkins，你的热情使我们得到了最棒的照片，谢谢你一直帮我们“再来最后一张”（虽然我们已经要求了十次“最后一张”了）。

感谢Hyde+Seek，Exter工作室的Justine Hyde，我们从她那里借了很多精美的道具用于招聘的拍摄。

谢谢我们的Cake Internationa大家庭：Clare Fisher，Ben Fidler，Troy Bennett，melanit underwood，adam elkins，Vicky Vinton，david Bennett，simon burns和其他所有人，谢谢你们一直相信我们。我们将永远为能每年参与到这个大家庭和这个秀当中而感到高兴和自豪。

谢谢我们的新朋友惠尔通，谢谢你一路以来欢迎我们并支持我们。

感谢世界各地不断增加的蛋糕爱好者朋友们，谢谢你们成为奶油糖霜的支持者，你们都是巨星。

感谢我们在菲律宾的嘉人，我们爱你们。我们成功也属于你们，谢谢你们一直以我们为豪，这些都是献给你们的。